U0160829

资助项目：贵州财经大学高层次人才引进科研启动项目
（项目编号 2021YJ004）

传统村落景观保护与规划研究

陈秀波　著

中国商业出版社

图书在版编目（CIP）数据

传统村落景观保护与规划研究 / 陈秀波著. -- 北京：中国商业出版社, 2022.10
ISBN 978-7-5208-2269-5

Ⅰ.①传… Ⅱ.①陈… Ⅲ.①村落-景观设计-研究-中国 Ⅳ.①TU986.2

中国版本图书馆CIP数据核字（2022）第193217号

责任编辑：宫浩奇

中国商业出版社出版发行
（www.zgsycb.com 100053 北京广安门内报国寺1号）
总编室：010-63180647 编辑室：010-83128926
发行部：010-83120835/8286
新华书店经销
北京亚吉飞数码科技有限公司印刷
*
710毫米×1000毫米 16开 10印张 158千字
2023年4月第1版 2023年4月第1次印刷
定价：72.00元
* * * *

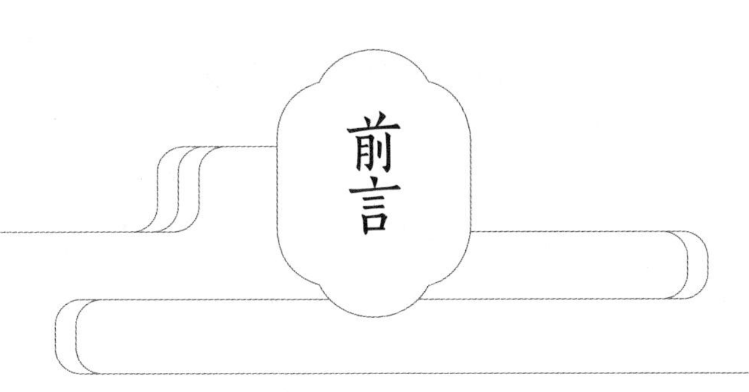

前言

在我国，乡村与城市两种聚落形态一直都有着不同的生存法则与发展规律。掩映在山川大地中的传统村落，在悠久的岁月长河里，经由先民苦心经营，传承演进至今，负载了丰富的内涵，深刻体现了传统社会中的思想文化、价值观念、生产生活方式、社会组织结构和经济技术水平等，是中国传统人居环境建设思想的重要载体，是前人留给当代及后世珍贵的历史文化遗产。在当今的时代背景下，城市化已成为发展的主旋律，相比之下，乡村的振兴与发展却严重滞后了。

我们应该清醒地认识到，在现阶段乃至今后相当长的一段历史时期内，乡村是不可取代的人居环境类型，它们与城市相辅相成，共同构成丰富完善的人居环境体系，并且，传统村落累积了千百年建设思想的精髓，它们也是当代城市和乡镇建设可资借鉴学习的文化资源宝库。村落广泛地分布于我国辽阔的土地上，在它们当中，有一部分具有相当久远的历史，被称为“古村落”或“传统村落”。它们是特定地区气候条件、地理环境的人工产物，集特别的功能性与艺术性于一体。由于地域的差异，传统村落的形式丰富多样，每一个村落都是一个独立的有机活体，为人们提供了安居乐业的生存空间。同时，在快速多变、喧闹嘈杂的城市时代，传统村落安居一隅，依旧保留了很多田园牧歌式的生活方式，以贴近自然、安逸自得的环境开始成为现代人重返故乡、寻求心灵休憩的向往之地。为此，作者特别策划并撰写了本书。

本书共有七章。第一章介绍了传统村落的概念与特征、中国传统村落规划思想、传统村落景观规划的研究现状。第二章分析了影响传统村落景观发展的因素，包括自然地理因素、社会人文因素、新型城镇化对中国传统村落景观发展的影响。第三章论述了传统村落保护中，景观规划设计的原则与空间形态。第四章介绍了传统村落保护中景观规划设计的要素，如地形景观设计、水体景观设计、植物景观设计。第五章分析了我国经典传统景观村落，在分析传统村落典型景观要素的基础上，分析了中国典型传统村落景观的案例。第六章论述了我国传统村落保护中景观规划的生存之道。第七章为本书的最后一章，主要针对贵州省传统村落景观现状与优化提升策略的相关内容进行了研究。

在写作过程中，作者得到了同行学者的大力支持，同时参阅、引用了很多与传统村落、景观设计相关的著作文献，在此表示诚挚的谢意。另外，由于时间仓促且作者水平有限，书中疏漏之处恳请广大读者不吝指正。

作者

2022年1月

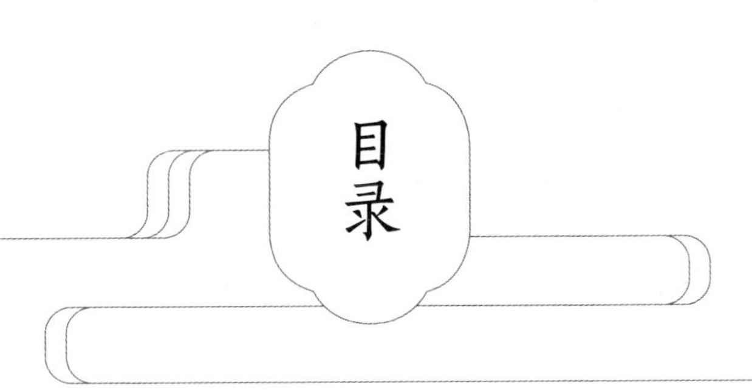
目
录

第一章

传统村落景观规划相关概念和发展现状

众所周知，我国社会发展经过了漫长的历史时期，在长期的发展过程中形成了不同的、具有鲜明特色的传统村落。随着时代的发展，人们产生了保护这些传统村落的意识，对其具体规划与保护进行了深入研究。本章重点分析传统村落景观规划的相关概念和发展现状。

第一节　传统村落的概念与特征

一、传统村落

什么是传统村落？不同学科背景的学者对它的界定存在一些差异。如中国传统村落保护与发展研究中心冯骥才从遗产学的角度对传统村落进行了界定，他认为，传统村落是与物质文化遗产、非物质文化遗产不同的另一类村落遗产，三者共同构成遗产三大保护体系。因为传统村落兼有物质文化遗产和非物质文化遗产性质，村落里这两类遗产互相融合和依存，是一个整体。

村落里不仅有乡土建筑，还有大量的历史记忆、宗族繁衍、俚语方言、乡约乡规、生产方式等。费孝通从社会学的视角认为，村落是一群家庭同住在一个地方而产生的社会组织，并认为传统乡村聚落和传统城市是中国传统聚落的两大体系。

有关中国传统村落的特色，可以结合地方的地方性分析思路来进行分析。中国文化地理学者周尚意教授认为，每个地方具有地方的三个本性。第一本性，地方的真山真水，即地方的第一自然。第二本性，地方的建筑等文化景观，即第二自然。第三本性，地方发生的历史事件、地方居民的意识形态等。依据这个分析框架，中国传统村落的特色可以总结为：第一，村落特殊的自然地理环境；第二，村落的道路格局、民居建筑等人文景观；第三，村落中发生的历史事件、村民的意识形态、独特的民风民俗等。

有学者分析了浙江省江山市清湖镇瓦窑村的特色：第一本性，利于制陶的泥土、幽美的溪流水塘、丰富的自然植被、秀美的田园风光。第二本性，奇特的古窑遗址形成村落特色的空间肌理，目前瓦窑村保留有封建时期村民用泥拉壶工艺制作日用陶瓷的150座土窑遗址，当时，这些陶器被运往杭州、宁波、江西、福建等地。第三本性，深厚的制陶文化（独特的制陶工艺与产品在中国制陶历史上占有一席之地）。又如，有学者分析了皖南古村落的特色，如古村落的环境特色和民居建筑的特色。

二、传统村落的特征

中国传统文化是植根于农耕社会的文化，在这里，人与环境、人与自然的关系问题始终是讨论的一个焦点。由于对自然的依赖性，造就了对自然的崇拜，培养了中国人朴素的生态保护意识，并体现在生产、生活的点点滴滴之中。

（一）生态保护

出于现实的生活需要，人们寻求与自然的和谐相处，养成了保护自然的习惯，善待山、水、植被和动物等。用今天的话来讲，就是具有生态保护的意识。

1. 培育和保护植被

明朝解缙在《寿江水记》中曾赞叹道："桂阳山水之秀为湖南伟观，顾者每每徘徊而不能去。"传统村落中的居民习惯种杉、松、油茶、油桐，房前屋后喜栽桃、李、梨、竹。"山林虽近，草木虽美，宫室必有度，禁发必有时"，乡民反对对山林的过度开发，以便使森林永续利用，故有封山育林之俗。

每年"季春之月，树木方盛"，其时，族中绅老集合，商议封山育林之事。违禁者，轻则没收工具，处以罚款，重则荡其家产。日后进山伐木者，也要严守"勿伐幼木"的规定，以免破坏对幼苗树种的培植。用今天的观点来看，"封山育林""勿伐幼木"这些举措都是很有生态意义的。我们知道，植物资源是有限的并且其生态系统的调节恢复也需要一定的周期，如果不照顾到这一点，植物资源将很快消耗殆尽。古人在实际中认识到了这些，尊重自然、保护自然的意识也逐渐形成。《荀子・天论》说："天行有常，不为尧存，不为桀亡。应之以治则吉，应之以乱则凶。"强调了大自然运动规律的客观性，它是不以人的主观意志为转移的，而要求人对它给予充分遵循。所以，对待树木只有"斩伐养长，不失其时"，才能够"山林不童而百姓有余材也"。

尽管老百姓具有一定的生态保护意识，但在一些特殊的情况下，或出于牟利贪婪的心理，历史上传统村落也曾出现过因森林砍伐过度而酿成严重后果的局面。如清代以后，由于人口大量增加，为求生计，百姓或毁林拓耕，或伐木开矿，朝廷也放松了对林木砍伐的限制。清乾隆的《桂阳县志・物产》中记载："桂邑田少山多，林麓蔓延，林木之利颇广。明时属本县招商砍伐，山谷之间，人迹罕至，名材大木，蔽阴绵密。我朝任民自取，牟利者结篷其中，或种蓝靛，或蓄蕈耳，崇冈绝壑，砍伐殆遍。"其结果是，"今四顾童山、溪崗成沃土，贫民樵采资生者，穷日之力无所获，则炊薪如桂矣"。

如此这般，造成了生态环境的恶化和水土流失，灾害随之加剧。民国《传统村落县志》对水土流失造成灾害多有记述，如“清雍正三年（1725年），桂阳六月大水，文明山崩水涌”“清同治二年（1863年），桂阳大水，四月山裂，洪水溢出”“民国九年（1920年），自圭岗村后之东坑珑起，由东而南，至千江村背之正珑止，山崩水涌”。这些事例从反面给了人们以深刻的教训。

2. 保护动物

在中国传统文化中，就有许多教育人们保护动物的诗篇。唐代白居易就有诗篇流传于世：“谁道群生性命微，一般骨肉一般皮。劝君莫打枝头鸟，子在巢中望母归。”在传统村落中，家长会教导小孩子不要捕捞小鱼小虾，不要掏树上的鸟窝，不要打正学走路的幼小动物以及怀孕的母兽等。这些都是最为朴实的动物保护思想，认为只有保护幼鸟幼兽，才能壮大其种群，只有保护雌性鸟兽，才能有利于其种群的繁衍。这样，各种动物才能繁殖兴旺并最终有利于人类。

对于有些特殊的家畜动物，乡民更是融入了深深的情感，比如出于对牛的辛勤劳作的感念，传统村落乡民视耕牛为“宝”，对耕牛严忌宰杀，认为杀牛有罪。对老、病等有必要杀的牛，也得请人下刀，所请之人多为“无后”之人。看杀牛者均反背双手，表示自己并未参与。因此，“看杀牛”在当地已成为乡人对事袖手旁观的代用语。小孩及老年妇女忌吃牛肉，认为吃了牛肉会添灾减寿。农历四月初八被认为是牛生日，耕牛全部免役一天，有的还加喂鸡蛋，以示对其“寿诞”的祝贺，从中体现出对牛的关怀之情。

（二）节约举措

1. 节地

山区中的传统村落往往山多地少，平地显得尤为宝贵。居民为了合理分配和利用土地，在村落选址建设时，首先考虑的是置田，其次才考虑把那些不适宜耕种的坡地和台地作为宅居用地。村落建筑密集、街道狭窄，是对山多地少这一环境特点的适应，体现出很强的节地意识。

2. 节水

尽管山区中的传统村落水源并不是很缺，但仍然注重节约用水。在村落中常见一种“三眼井”，分为三个“井池”，井水顺势由第一井池流入第二井池，由第二井池流入第三井池，上池饮用，中池洗菜，下池洗衣，这是合理利用水资源的佳例。

3. 节能

节能意识首先表现在村落及住宅的选址上，“负阴抱阳”“背山面水”，这就从总体上利用了自然资源，使整个居住环境享受到充沛的日照，回避了寒风，减轻了潮湿。这样顺应自然来营造一家一户和一村一寨良好的局部生态环境、减少能源损耗的节能思想，应当给予积极的评价。

（三）“和合”思想

1. 随形就势，不妄“改造”

中国古人对待天的态度是“尊”，是无可奈何地敬而远之，而对脚下的土地则怀有无法割舍的感情，用一个饱含深情的“亲”字来对待，并将其拟人化。如张华的《博物志》中说道：“地以……石为之骨，川为之脉，草木为其毛，土为其肉。”一方面是对自然的亲情，同时也由于生产力的低下，在传统村落中，建筑通常是因山就势，顺应地形，从不削山填谷去修建房屋。青瓦的屋面掩映在山野之间，显得恬静而美丽。不像今天有的地方在建设中大肆推山断河，人为地去改造地形。

2. 就地取材，循环利用

传统村落民居的建筑材料一般都遵循就地取材的原则，多选用木、石、砖、瓦等当地盛产的材料，并尽可能重复利用。传统村落民居的主要结构部件如立柱、横梁、檩条和椽子等都是木质的，在做好防腐和防火的前提下可以重复使用，即便是遭受到地震等极端事件，因为木材具有一定的柔性和弹性，相互之间的节点又普遍使用卯榫结构，如同动物的关节一样，能在一定范围内伸缩、扭转，所以在地震时能通过自身的变形吸收和削减地震的能量而不致被彻底毁坏。如果哪个构件损坏了，也可以单独替换而不影响整个结构。常常可以看到在老的房屋被拆除时，一些完好的木构件被用在新的房子上。[①]

屋顶一般用小青瓦。小青瓦的蓄热系数比较小，虽然白天吸热快，但夜晚散热也快。屋面上的瓦如有破损可以随时更替。

墙体可采用生土如土坯砖，也可用青砖、青石等，这些都非常容易获得。由于这些材料的隔热性好，可使室内冬暖夏凉。墙体用砂浆黏结，它与现在的石灰浆有所不同，是用细沙、石灰和糯米等混合而成。别看这些材料原始，但是黏结性能极好，可保持民居上百年而不倒。

除了青石板外，村落街道常用卵石铺地。这种地面缝隙很多，雨水可以方便地渗入地下，在夏季，也利于地下湿气的蒸发，从而降低地面的温度。缝隙之中小草也可生长，从而增加了绿化面积，这与现代城市中使用的草地砖、渗水砖有着相同的生态原理。

在传统民居中使用的这些材料，都可以回归自然或循环利用，符合生态学的要求。相比之下，现代的混凝土材料不可降解也很难回收利用，成为令人头痛的垃圾。

3. 建筑群体的和谐

在民间建房习俗中有一些宜忌规定，起着维护整个村落建筑群体“和谐”的作用。例如，并排建房子，要求“合山共脊”，不允许赶前错后，也不允许高过别人，“严守前栋不能高于后栋，最高不能超过祠堂高度的旧习”。这就保证了先后建成的房屋整齐有序。

民居之间的协调和一致实际上是村民之间平等的一种反映。建筑不追求突出的单体表现，是作为群体的一分子而平等存在，不允许冲犯欺压他人。一家的屋宅首先是东邻的西舍和西舍的东邻，只有前后左右都照顾到，然后才能轮上“我亦爱吾庐”。在尊重他人的过程中自己也得到了尊重，这是中国传统村落建设中的“伦理”标准。有了它，才有了建筑群体的和谐和人与人之间的和谐。

---

① 刘沛林.古村落：和谐的人聚空间[M].上海：上海三联书店，1997.

第二节 中国传统村落规划思想

一、中国传统村落规划的理念

（一）正视生态的困境，培养生态意识

自然同人类之间一直都是相互依存的关系，然而人类对自然从一开始的小破坏发展成越来越严重的大破坏，当大自然承受不住人类的破坏后，开始对人类实施“报复”，而人类也只有在经历了财产的损失、生命的丧失、身处于一个又一个的困境之中才意识到，人类与自然之间的相互依存并不代表自然归属于人类，相反，人类始终都是自然中的一部分，因此，想要人类将自己保护好，就需要将生物多样性保护好，将生态环境保护好。

如今的自然生态环境，因城市的发展，农民的过度放牧以及土地的过度开垦等问题，逐渐朝着破碎化（habitat fragmentation）的方向发展。生态系统是十分敏感和脆弱的，如果不断地对其进行分割与挤压，就会对人类的生存造成威胁。

由此可见，我国在21世纪的主要发展内容就是可持续发展，这也是结合许多年人类社会发展的经验所得出的结论。

在土地规划上，要对土地进行综合的利用与规划，并形成一种空间体系与分区系统，对一系列的建设活动与旅游活动等都进行适当的调节，并做出一定的限制。有一些自然地区是极其敏感且涵盖了多个物种的，要减少和阻止这些地区因受到污染而产生的退化，可以为旅游者提供一个缓冲区，让他们既能达到旅游观景的目的，又能保证持续性开发和有效性保护同时进行。

为保证区域空间可以协调发展，需要建立一定的管理制度和规划机制，让人们增强环境教育和法治意识，并更多地参与对环境的保护之中，从整体角度让城乡能够得到可持续的发展，并减少对自然环境造成破坏的建设活动，建立生态建筑。

（二）环境建设与经济发展良性互动

如今的城乡建设已经不再是生产力低下时所做的建设工作，与20世纪末相比，现在的建设速度更快、建设的规模更大，所花费的资源与资金更多，涉及的范围更广，建设的尺度也更大。在如今的经济活动中，一项重大内容就是建设人居环境。这主要表现在以下两个方面。

第一，城市化的进程随着社会经济的发展得到了推进。举个例子来说，由于温州的地区经济得到了发展，使得附近的地区也得到了发展，农村也变成了城镇，同时，城市化还提升了物质环境的质量，使交通通信变得更加发达，进而促进了城市经济繁荣发展。

第二，想要得到更多的积累，就需要有更多的投入，所以在土地建设和城乡建设中需要使用更加先进的技术，需要提供更多的就业机会，并对经济结构及时做出调整，从而使人们的物质生活得到改善。

就目前的情况来看，在建设过程中，对于建设也产生了许多全新的要求，针对这些要求，就需要为建设提出许多带有科学性的决策内容，并对建设任务进行详细的研究，做出完整的规划，为节省人力和物力等资源，要严格按照科学的规律和经济规律进行。如果在建设过程中发生了失误性的决策，其造成的物质浪费将会是非常严重的。

在建设中存在一个名叫“经济时空观”的概念，其具体指的是在建设活动中，对于建设的成本以及建设的效益都要进行综合分析，在提升建设过程中每个环节的生产力的同时，还需要对现实中的各项条件加以考虑。

（三）发展科学技术，推动经济发展和社会繁荣

在人类社会中能够对其发展产生巨大推动作用的就是科学技术，同时，对社会生活也同样会产生推动作用，其中社会生活包括城市的发展、建筑的发展以及区域的发展等。城市的规划以及区域的规划都会因为新技术的出现而产生一些改变，同时，新技术对于城市的发展也会产生影响，且影响的范围较为全面。人类社会因科技的出现而发生的变化是多方面的，关于技术的作用需要人们从众多的方面对其进行探究，包括社会方面、哲学方面以及文化方面等，并在研究之后对科技成果加以适当地应用，在人居环境建设的过

程中也同样需要应用到。如果在建设的过程中出现了一些困难，也可以通过科学技术的方法对其进行解决。

人们最大的财富就是其生活的方式具有多样性，而之所以会产生这种多样性，是因为人们生活的地区之间存在着差异，不同地区之间的社会经济发展也不平衡，科学技术发展的层次也各不相同。虽然新的科学技术已经出现，但是从世界范围内来看，人居环境的建设并不会因为这些技术的出现而成为一种全新的产业，它依旧是在根据社会的需要实行建设活动，只是在建设的过程中应用了这种新的科学技术，创造出了新的设计理念、建设方法以及建设形象。

二、我国传统村落规划与设计的工作步骤

（一）传统村落规划工作的方式

传统村落规划工作的方式一共有以下三种。

第一种方式为自上而下的方式，即先从省区级开始规划，再对地区或市域开始规划，最后再对县区级进行规划。应用这种方式的优点在于规划的范围十分全面，并且具有较强的整体性，其缺点在于规划工作无法深入进行，如果想将上一级的规划做得更具体，就需要对下一级规划的资料有充分地掌握，因此，在这种方式下进行的规划任务完成得都不是特别好。

第二种方式为自下而上逐级规划的方式。这是比较简单的一种方式，在规划的过程中只需要有地方的支撑即可，并且能充分地调动地方规划的积极性。这种方式的优点在于方便了解规划过程中的实际情况，对区域的发展方向以及建设方向有着明确的认识。但这种方式也存在一定的缺点，即在对局部进行规划时会遇到较大的局限性。

第三种方式为先中间后两头的方式，即先对地区级和市级进行规划，之后再对省区级和县区级进行规划。上述两种方式中的优点都包含在了该方式之中，但这种方式也同样具有其自身的缺点。

综上所述，在任何一种规划方式中，不同级别的规划都在互相联系着，当

上一级的规划工作结束后，下一级规划的发展方向也就得到了确认；当下一级的规划工作结束后，可以对上一级规划过程中所产生的不足之处进行补足。每一级的规划工作都是按照一定的阶段任务来完成的，但在实际规划过程中可以对其进行修正，而规划工作就是在这样的过程中得到补充与完善的。

我国目前编制国民经济计划一般采取“两下一上”的程序，即首先自上而下颁发控制数字（或建议数字），然后由各级结合自己的具体情况，编制计划草案上报，最后由上级综合平衡，下达正式计划。这是一种偏重于自上而下的方法，鉴于县级传统村落规划的特点，县级传统村落规划一般应采取自下而上和自上而下相结合的编制程序。这种方法是，由县政府根据党和国家有关的方针政策，组织有关人员对规划应包含的内容、完成的时间提出总的要求，并把全县规划分解为各部门规划。各部门根据自己的现有条件，资源潜力①，分别提出部门规划草案。由县里的综合部门根据上级规划的要求进行协调平衡，提出全县规划初步方案，再与各部门进行协商、调整，最后形成全县规划。这种先从各基层单位分别编制规划草案入手，然后进行全局协调，综合平衡，条块结合由下而上、上下结合的编制方法，既可以搞清当地发展经济的社会、自然条件，又能认清自己的优势和劣势，为全县确定经济发展方向、战略重点和布局提供可靠的基础依据。

（二）工作步骤

在开展传统村落发展的规划工作时，为了保证其能顺利地进行，就要采取以下的工作步骤。

1. 工作的准备阶段

之所以要在传统村落规划开始之前将准备工作做得充分，是因为其规划工作带有很强的科学性，所涉及的内容比较复杂，并且涉及的范围也十分广泛。

---

① 资源潜力：指企业赖以生存与发展的物质基础，也是企业竞争力的基础。但企业的资源潜力若不被激活和放大，则不能转化为现实的生产力和企业竞争力，也就不能成为维系企业生存、推动企业发展的有效力量。而要有效地激活和放大企业资源潜力，就要求企业按一定的目标及规则对资源进行定向整合，使企业资源按一定的秩序进行动态的有机结合。

（1）组织准备工作

在提出任务之后，先要建立工作组织和制订工作计划，这是完成编制任务的保证。传统村落规划工作组织的内容有以下两方面。

一是规划工作领导机构的建立。规划工作应在当地领导机构主持下进行，由当地主要负责领导牵头组成规划工作领导小组，并由有关主管部门的负责人、业务骨干及有经验的农民代表组成。全面负责领导规划工作，统筹全局，协调关系，包括组建和指导各业务组工作，确定规划指导思想，拟订和审定规划工作计划。同时，各级设立传统村落计划领导小组，下设办公室负责处理日常工作，在乡级和村级设立领导小组。

二是规划工作队伍的组成。由于规划涉及农、林、牧、渔、水利、气象、交通、文教、卫生、测绘等方面，因此规划工作组成员应包括有关政府部门负责人以及区域科学专业、经济学专业、地理学专业、系统工程专业、计算机专业等技术人员参加，并吸收计划、建设、民政等部门的意见。传统村落规划的工作队伍要实行领导、专业人员和群众三结合，组成较有权威的领导机构和精练的专业技术队伍，只有这样才能提高传统村落规划的质量。工作班子建立后，要制订具体工作计划，包括人员培训及经费预算等。通过宣传提高干部和群众对规划的认识，以动员广大群众参与规划工作，使规划成果更能符合实际。

（2）准备业务相关的资料

在对传统村落的规划内容进行制订时，作为依据使用的资料数量要有很多，为了对传统村落规划区域内的社会技术经济条件以及自然条件能够完全掌握，需要将这些资料内容充分地利用起来。

在准备资料的过程中，需要将传统村落规划的范围、规划的主要目标和重要任务确定下来。

2. 搜集资料阶段

在制订传统村落发展的规划时，其最重要的依据及内容就是对传统村落的情况进行掌握，并做到全面与准确。在制订传统村落规划时，一共需要用到以下五类资料。

第一类资料是关于自然资源的最基本的资料内容。当社会经济得到发展时，其最重要的物质基础就是自然条件。自然条件包含了多个不同的要素，即生物、矿产、自然景观、地形地貌以及土壤和气候等，人们的生活以及人们的生产活动都在不同程度上受到了这些因素的影响。在收集资源的过程中，需要根据不同地区的特点进行调查，收集重要资料。具体包括以下内容。

一是自然资源的质量与自然资源的数量。保证经济发展的能力是依靠资源的潜力来实现的，而潜力能够被开发利用的程度就是依靠资源的数量实现的。只有查清资源绝对量和相对量，以及资源量与消费量的对比（包括未来消费量的对比），才能予以准确地评价。另外，自然资源的质量在一定意义上比数量更能影响经济、社会的发展，因为它反映着自然资源开发利用的经济价值，影响着开发利用的技术可能性和经济合理性。

二是自然资源的时空分布及其组合。自然资源的时空分布决定着人们活动的区域性与季节性。各种自然条件相互配合、相互影响，共同作用。所以，如果想在开发时做到因时制宜和因地制宜，就需要充分掌握自然资源的组合方式以及自然资源在时间和空间上的分布。

三是一些制约因素和自然灾害。一些主要的自然灾害包括旱涝、冰雹以及霜冻等，针对这些自然灾害，所调查的内容主要有灾害发生的时间、灾害发生的频率以及灾害发生的程度等。对于有一些不利的自然条件也需要进行调查，例如，生活在高山陡坡的人们会因其所处地理位置受怎样的制约。

对于自然条件的各个要素，既要逐项予以评价，还应对自然条件作为一个整体进行综合评价。前者是后者的基础，后者是前者的深化，从而获得全面的认识，揭示自然条件对经济发展和社会进步的作用和影响。

第二类资料是关于社会经济的最基本的资料内容。针对资料所要调查的基本内容包括传统村落行政区划的分布、传统村落的分布、传统村落的建设条件、农业生产情况以及社会技术经济条件，当地规划的优势条件以及在生产建设的过程中存在的问题等。概括起来，主要包括以下几个方面内容。

一是经济条件。主要包括国民生产总值、社会总产值、各个行业的产量、传统村落的经济政策等。除此之外，还有传统村落生产协作化、农业产业化、传统村落劳动力的数量与质量、农业生产的装备以及农业技术等内容。

二是社会状况。主要包括民族人口、医疗保健、生活的生态环境、社会文化以及就业福利等内容。

三是科技状况。一共分为两部分内容：一部分为科技实力与科技水平，例如，科技人员、科技设备、科研成果、科技活动耗费的经费、科技交流以及科技政策和科技管理等内容；另一部分为技术经济状况，例如，技术资金、劳动生产率、新技术使用率以及生产现代化水平等。

四是规划地区历史情况。主要包括该地区的社会经济以及自然条件的发展历程，并找到影响规划完成的原因。在调查过程中如果遇到有利因素则需要继承下来，如果遇到不利条件则需要先对其进行改进再加以利用。

第三类资料是对外部传统村落的情况所进行的调查。在开展调查工作时不能只对传统村落的内部情况进行调查，传统村落的外部情况也是十分重要的内容，因为传统村落是一个较为开放的系统，外部的信息流、人流以及物流都在和传统村落的内部进行交换。在对外部的地区进行调查时也需要选择重点的内容进行，包括社会经济、自然环境等，同时还要将调查的结果与传统村落当地规划区域从不同的方面进行比较，了解外部地区和本地之间存在着怎样的关系。这种调查有利于在进行传统村落规划区域时了解哪些外部的条件是可以加以利用的，以及确定传统村落规划区域的发展方向等。在规划的过程中，也可以将这些调查的内容作为主要依据。

调查工作重点在于掌握规划对象的现状和发展潜力，揭示其发展规律，探讨未来发展的大致方向。在调查顺序上，一般可采取先宏观后微观，做到既把握全局，又了解关键的细节。

第四类资料是相关成果的资料内容，包括对综合农业区域的规划资料、不同产业的区域专业规划资料。例如，农业、畜牧业、渔业、土壤分布、土地现状、当地地形的调查结果等。除此之外，还有一些文字类的资料和统计数据，例如，当地的交通和地质地貌等，同时要根据调查的结果制作专业的专题图件，即当地的规划图以及当地的现状图。

第五类资料是一些指导性的文件，由上级部门下发，主要内容是关于传统村落发展的。

综上所述，收集资料这项工作具有一定的复杂性、阶段性与地域性，资料所涉及的内容包含了许多方面，并且贯穿于区域规划的始终。其调查的主要方法有许多种，常用的有座谈访问、阅读资料、实地踏勘等，也可以在实地调查的过程中对资料的内容进行分析。

3. 分析和整理资料阶段

在调查完资料之后，需要对资料进行分析与整理，在这个过程中需要根据资料的内容对区域内的各类条件进行详细的评价，包括社会条件、经济条件以及自然条件。在对不同区域的资料内容进行对比时，可以找到有利于规划的因素和不利于规划的因素，同时掌握区域所具有的优劣势。在分析传统村落发展的历史、传统村落发展的现状以及传统村落发展过程中存在的问题时，就能对未来传统村落发展的主要趋势以及传统村落发展的潜力进行预测，并根据这些内容制订出合理的传统村落发展规划。在对区域系统进行分析时，需要依照其最终的结果完成对区域的模型系统在总体上的设计、对模型的总体结构进行确定、确定子模型中的方程形式以及其中包含的变量，并将模型参数确定下来，利用经验进行评估或系统辨识。最后不要忘记完成有效性检验，其检验的对象为参数、模型以及方程。

资料分析评价要遵循以下原则。

（1）综合性原则。要把自然、经济、科技、社会诸方面的因素及其相互关系进行综合研究评价，以保证准确地掌握传统村落的整体情况，得出正确的结论。

（2）相对性原则。条件的优势与劣势是相对而言的，不作比较就无所谓优劣。只有通过比较，才能确定其优势或劣势，才能确定该传统村落在地域分工中的功能。

（3）开放性原则。传统村落是与其周围地区进行物质、能量、信息交换的开放系统。为此，在评价传统村落时，不能仅限于本传统村落之内，必须将它与周边环境，包括全县、全省、全国，甚至国际环境考虑在内。

（4）动态性原则。传统村落的自然、经济、社会等条件均在不断变化之中，评价传统村落时，应联系历史，掌握当前最新的动态资料，还应对未来做出科学的预测。

（5）目的性原则。传统村落的评价按一定的标准进行，这些标准是根据一定的目的制定的。笼统地说，仅评价一个传统村落现有资源的丰缺、条件的优劣是没有意义的，而应该根据发展战略的需要，有目的、有针对性地予以综合评价。

4. 制定传统村落规划方案阶段

在对传统村落进行规划时，除了要对当地进行调查研究，还需要依据区域规划的原则，将当前获得的利益与未来能够获得的利益结合起来，并且还要兼顾农民的利益、集体的利益以及国家的利益。在规划过程中要时刻按照党对于国家发展以及传统村落政策所提出的总要求，确定传统村落规划区域今后的战略重点以及主要的发展方向。

在制定区域规划的同时还要对有利条件以及不利条件做出正确的评价，并根据当前的水平以及未来发展的潜力，对规划指标提出相关的建议，对区域规划的战略目标进行确定，同时还要编写相关的规划方案、规划说明以及规划图表。

在区域规划报告中，其主要编制的内容有实施区域规划任务的方法、实施区域规划任务的程序，区域规划任务所处的社会背景与自然环境，设计区域规划的具体方案，评价区域规划的具体方案，以及对区域规划任务提出的相关建议等。在整个区域规划工作中，最关键的内容就是设计传统村落规划方案，并且在设计过程中，综合规划也同时完成。

关于综合规划的内容，其规划的主要目的是对社会经济以及生态科技等多方面的内容进行掌握，其掌握的出发点为规划对象的协调观点以及整体观点。从总体的角度来看，规划的指导思想、规划的战略重点以及规划的发展模式等都是需要仔细研究的内容，以便能从不同的角度对规划做出准确的评价，从而获得科学的研究结论。

在对规划方案进行编制时，需要先从整体角度对其进行控制，再在局部范围内对原则进行详细分类，规划的顺序是先规划总体，再规划行业内部，最后规划各专项。针对传统村落具体的发展方向、规划的战略重点以及规划的建议等内容，需要由相关的领导与设计规划的专家对这些内容进行综合的论证与评价，再根据最终的比较结果制订相关的规划草案。

5. 规划成果整理、审查批准阶段

当区域规划被设计出来后，就需要对其内容进行比较，并在经济方面对其进行评述，在将最优的规划方案确定下来之后，就需要做规划方案的整理工作。编制规划成果的内容有两个方面的内容。

一个方面是传统村落规划报告，编写报告的主要依据为实施规划任务时对其做出的各项要求，同时，还要结合区域规划的具体情况。区域规划的报告一共由两部分组成。

第一部分是总体规划，包括规划区域的社会经济背景以及自然资源条件。在做总体规划时需要对规划区域的特点进行整体分析，以了解当地和周边地区之间在社会经济上的关系，以及所处的地位。在制定总体规划时还需要对规划的主要依据进行明确，除此之外，还需要对一些内容做出简单的概括说明，例如区域规划的具体内容、区域规划的具体范围、区域规划内的人口数量以及行政区划等。

第二部分是专项规划，在编写这部分的内容时需要按照不同的专业分别编写，并对专业规划的突出特点以及一般情况做出简要的概括说明。在编写的过程中还需要确定规划的主要原则、主要依据以及具体内容。专项规划所涉及的专业一共有三种：农业、工业以及仓储业，所编写内容包括能源供应、交通运输、风景区规划、文教和卫生事业等。如果在编写过程中需要使用到一些附件，例如，综合且合理利用资源的建议，针对实施规划方案所提出的建议等，都可以添加在后续的说明书中。

另一处还要有图件，图件一共包含了八个方面的内容。

第一个方面是规划区域的区位图，在该图件中需要对规划区域内的经济地理位置标注出来，同时，还需标明这些地理位置和周边地区之间在经济方面形成的重要联系。该图件所使用的比例尺通常有两种：一种为1：300000；另一种为1：500000。

第二个方面是土地利用的现状图，在该图件中需要对规划区域内目前存在的传统村落、集镇区域、工矿区、风景区、农业用地区以及其他作为专用地的区域进行标明，主要是在图件中能够显示出其具体的地理位置以及涉及的范围。除此之外，一些类似高压线路、机场码头、公路或铁路等位置也要标明出来。该图件所使用的比例尺通常有两种：一种为1：50000；另一种为1：100000。

第三个方面是矿产资源的分布图，在该图件中需要对矿产资源在规划区域内具体分布的位置、矿区在规划区域内的主要范围、规划区域内现有的矿井位置和开采场位置以及计划要有的矿井位置和开采场位置。该图件所使用的比例尺通常有两种：一种为1：50000；另一种为1：100000。

第四个方面是传统村落的总体规划图，在该图件中需要对规划区域内县镇的位置、集镇的位置、农业区域、公路线路、铁路线路、机场码头、高压线路、防洪工程位置、建筑基地位置、排水口位置以及风景区位置等相关的区域进行明确。该图件所使用的比例尺通常有两种：一种为1：50000；另一种为1：100000。

第五个方面是农业分布的规划图，在该图件中需要对农作物分布的主要区域、果园的位置、林区的位置、水库的位置以及菜地的位置等都需要进行标明。该图件所使用的比例尺通常有两种：一种为1：50000；另一种为1：100000。

第六个方面是专业规划的综合草图，在该图件中需要对区域内的交通运输系统、供水系统与排水系统、水利系统以及动力系统都需要进行标明。该图件所使用的比例尺通常有两种：一种为1：50000；另一种为1：100000。

第七个方面是重要村镇的规划草图以及工矿区的规划草图，在该图件中需要对同村镇和工矿区相关的主要干道进行标明，另外还需要对一些工业企业、机场码头、仓库以及居民居住的地理位置进行标明。该图件所使用的比例尺通常有三种：一种为1：5000；另一种为1：10000；还有一种为1：25000。

第八个方面是区域环境质量的现状评价图，在图件中需要对污染源的性质、污染的范围、污染的程度、取水口的位置、排水口的位置、水系的分布情况、水系的流向以及目前被污染的程度等内容进行标明。该图件所使用的比例尺通常有两种：一种为1：50000；另一种为1：100000。

图件的内容可根据地区的具体情况和需要予以增删或合并。图件采用的比例尺应根据规划地区的大小各种图件拟表现的内容，以及提供图件的可能性等具体情况和需要而定。

规划方案要提请地方人民代表大会审议通过，由地方政府组织规划成果整理之后，报上一级计划部门进行审查和综合平衡。经过上级计划部门审查和综合平衡并经县人民代表大会批准后，规划才能作为正式文件下达全县贯彻执行。乡级传统村落规划要经乡人民代表大会通过，并报县委、县政府和有关各部门共同研究批准。村级发展规划经群众讨论，通过后报乡政府批准。

6. 规划实施与检查监督阶段

当区域规划方案完成了整理工作，并顺利通过评审后，就可以将区域规划正式进入实施中。

在这个过程中还需要把实施总体规划时的一些细节确定下来，对规划实施的具体情况开展定期的检查以便对实际情况进行追踪与评价。可由各部门自检、互检，或由领导部门组织人员进行检查，以利于及时发现实施中的问题，及时反馈，适时进行动态的调整、协调。

第三节　传统村落景观规划的研究现状

一、传统村落景观规划不受重视

（一）观念认识落后，亟待全面调整

伴随着城市生活方式的传播，乡民开始对城市进行盲目模仿，乡村建设城市化的倾向日益严重，乡村景观、乡土文化风貌受到前所有未有的冲击，一味求新求洋，到处是大马路、欧式建筑，造成“千村一面”的状况，乡村的地方景观特色逐渐丧失。刚刚发展起来的乡村将城市建设标准看成文明的唯一标准，忽视了传统的价值，造成自身乡土文化的逐渐消失，这种不良的发展倾向，已经开始引起专家和学者的重视。

乡村景观作为一种源于环境、文化自发形成的文化载体，在历史、社会和美学上的价值都是无法被取代的。目前，乡村景观建设需要把握好时代特征，结合乡村传统文化和人文风尚，依托产业的发展，走出一条符合地域特色的创新之路。要落实这一目标，必须先厘清目前出现的问题，发现问题并找到解决方案。

1. 乡村风貌被破坏

由于环境保护意识淡薄，我们的乡村发展经历过一段推山削坡、填塘等

野蛮破坏乡村风貌和自然生态的过程，而现在乡村景观遭遇的破坏往往是由于好大喜功，盲目追求宏观、气派，盲目学习城市的建设行为。比如，2016年，福建省住房和城乡规划厅公布了一批城乡规划负面案例，主要问题是建大亭子、大牌坊、大公园、大广场，偏离整治重点；照搬城市模式，脱离乡村实际；破坏乡村风貌和自然生态。①

其实，福建省在编制美丽乡村规划过程中出现的问题在全国各地是普遍存在的。进入被“美丽”过的乡村，水塘用封闭的石栏杆围得严严实实；大理石铺成的乡村广场、公园比比皆是；有历史的祠堂、古庙被水泥简单抹面、贴上瓷砖；新建筑在尺度和布局上都和传统的乡村聚落环境不相匹配。其实还远不止这些，在自然景观被破坏的同时，也逐渐破坏了乡村的文化景观，人与人之间的交流减少了，邻里关系逐渐淡薄了，曾经热闹的节日景象也慢慢冷淡下来，城市里淡漠的人际关系在乡村里重演。

照搬城市模式，脱离乡村实际，破坏乡村风貌和自然生态等问题已经脱离了政府建设美丽乡村的初衷，这种看似“形象工程”实为粗暴野蛮破坏的行为让人无比痛心，毫无美感可言。因此，我们呼吁高水平、高质量、理性地建设乡村，不给未来留下遗憾。

面对这样的情况，各地必须出台严格而详细的法律法规文件约束乡村盲目无序地建设。美英等发达国家在20世纪六七十年代就出台了一系列保护乡村景观的法令，如美国的《野地法》(1964)和英国的《乡村法》(1968)，严格控制乡村建设活动，以保留纯正的乡村景观。

2. 行政意识主导设计

地方政府行政主导在乡村建设中占有绝对重要的位置，一些乡镇干部无视整体规划设计，一味追求政绩，不立足现状和实际条件，迷信城市的建筑样式，重建了许多“假古董”式建筑，建设出了一批批形象工程。其行政意识主导设计的行为主要表现在以下几个方面。

(1) 脱离乡村实际

生搬硬套城市的设计方式，脱离乡村实际，僵硬地将城市的广场、铺

---

① 黄铮.乡村景观设计[M].北京：化学工业出版社，2018.

装、绿化种植用于乡村景观设计之中。大公园、大广场、大亭子、喷泉成了政府的形象工程，而建成后往往因尺度过大而无人使用。另外，一些地区设计师为迎合检查，在不尊重地域差异的情况下，野蛮设计建设，不深入调研、刚愎自用的情况屡屡发生。比如，在一些乡村，草皮、灌木等城市绿化不加考虑地大量使用，结果带来了高昂的维护成本，往往建成之后就无人打理维护，最后杂草丛生；为了迎接检查、验收做表面文章，购买一些盆栽花卉，摆设在路边；某些乡村水泥硬化过度，透水不足，导致地下水位下降。国家投入大量资金来改善乡村的生活环境，但如果不切实际，没有科学理性的指导，将会给乡村带来二次伤害，乡村的文化景观会被再一次破坏，令人心痛。值得借鉴的是，2016年福建省住房和城乡建设厅下发《福建省财政厅关于做好美丽乡村建设有关工作的通知》（闽建村〔2016〕2号），要求房前屋后除了一定的晒场外，提倡种菜、种树绿化，提倡使用地方乡土材料，营造地方特色的建筑，将村落建设得更具有传统村落风貌。

（2）“穿衣戴帽”化妆运动

“穿衣戴帽”是指对建筑物外墙、屋顶进行改造，通过统一色调、图案、装饰构件来表现一定的地方特色和建筑传统。“穿衣戴帽”化妆运动在一定时期取得了很大的成绩，使居住条件得到了极大的改善，消除了一些安全上的隐患，在一定程度上改善了乡村的视觉环境。

但“穿衣戴帽”仅仅只是化妆式的运动，一些景观设施、外墙装饰件增加了墙体的载荷，会给建筑带来新的隐患。另外，一些具有地方特色的旧建筑被抹上水泥、刷上涂料、贴上瓷砖，被不加区别地化妆成不伦不类的造型。不少亲身经历的村民对“穿衣戴帽”感到困惑和不理解。

政府主导的乡村环境建设应该以提高乡村的生活质量、延续文脉为目标，减少大拆大建，节约资源，将建设主体逐渐转化为村民自发的社区团体，将“大一统”的改造模式变成更为精细的专项设计。在综合节能、给排水改造、空调室外机规范设置、电梯加装等方面给予技术支持，并研究协调相关的建设资金如何分担等问题。

（二）生态环境遭到破坏

1. 生态环境遭到破坏

乡村生态环境遭到破坏的一个重要表现是工业污染正由城市向传统村落转移。在一些地方政府主导者的观念里，一切发展都要为经济让路，一些乡村甚至将排污企业引进来。在快速扩张过程中，不经过整体有效的规划、论证和设计，导致基本农田被无序占用，自然水资源被污染，生物生存环境被打乱，乡村的生态环境遭到了严重的破坏。传统乡村由于生产力低下，生活节奏缓慢，经济自给自足，人们对自然始终存有敬畏之心，对环境的破坏程度很小。随着工业技术的发展，自然环境受到了较大程度破坏。

由于水利、交通等机构分属不同行政部门，往往在建设时各自为政，缺乏整体思路，水利上更是不考虑河床实际情况，统一硬化，带来的是生态链条的断裂，也让乡村景观出现了城市化的趋势。同时，乡村正经受着垃圾问题的困扰，令人触目惊心的“白色污染”（塑料制品）成为乡村的噩梦，乡村垃圾治理已经到了刻不容缓的地步，究其原因有以下几点。

一是保护资金投入不足。我国的垃圾收运处理作为公益事业由政府统筹安排，垃圾处理建设资金由财政资金补贴，设施运营经费由当地自行解决。现阶段出现的情况是地方投入的设施运营经费严重不足，尤其是在经济欠发达地区，连正常的运行都难以维持，严重影响了传统村落垃圾处理的水平和效率。

二是粗放式的传统村落垃圾管理模式。村落垃圾没有真正落实垃圾分类，绝大多数村民直接把垃圾丢弃，有价值的垃圾并没有得到有效利用。四处乱扔的垃圾带来的是垃圾收集运输工作量大，技术缺乏、政府资金投入难以承受。不断扩容和新建的垃圾填埋场也难以承载如此巨大的处理工作，导致垃圾围村，对环境造成了一定的负面影响。

2. 学习先进的经验

在美国，乡村的垃圾处理一般交由专业的垃圾公司，公司规模一般较小，村民住得分散，但是员工深入当地定期去各家收取垃圾，每家每户都有一个带轮子的垃圾箱，居民每天早晨送到公路边，由专车带走分类垃圾，每月收取一定的费用。以美国西雅图为例，按每个月14美元左右的标准，垃圾公司每户转运四桶垃圾，此后如果增加垃圾，按每桶9美元增收。经济的制约让西雅图市的垃圾量减少了25%以上。

日本则制定了环境友好型农业发展战略，出台了一系列保护措施，如《有机农业法》《有机农产品生产管理要点》等。主要包括减少化肥农药在环境中的使用；垃圾废弃物再生和利用，尤其是农业生产生活方面的垃圾利用，建立再生利用体系；建立有机农业发展战略，保证自然环境和农业生产的友好关系。日本政府对于从事绿色或者有机农业生产者给予不同比例的优惠或奖励，对于可持续发展的农业生产者给予相应的建设资金补贴和返税政策。这些措施充分调动了农业生产者的积极性，增强了他们的环保意识。

2003年，英国发布《能源白皮书》学者，首次提出“低碳”概念，低碳化相对于生态更加具有现代生活的特色。学者Vos W.和Meekes H.认为，要实现欧洲乡村文化景观的可持续发展还必须意识到：富有的、稳定的社会需要的乡村景观应该具有多功能性，只有当地居民从文化景观的保护中获得利益时，农民才会进行景观保护。景观生态立法是关键问题，其次是带来收益，只有两者兼备，才能带来持续稳定的乡村景观发展。

我国第一个乐和家园作为低碳乡村的实践，在彭州通济镇大坪村开展。廖晓义率队利用社会捐赠资金共380万元人民币，在大坪村建立了高质量的、节能低碳的80座生态民居、两座120平方米的乡村诊所、两座400平方米的公共空间，每户配套有沼气、节柴、污水处理池、垃圾分类箱和垃圾分类打包机在内的垃圾分类系统，同时，还有1个手工作坊、4个有机小农场和两个有机养殖场。将之前能源型的产业逐渐转化为生态农业、生态旅游，帮助农户和消费者建立点对点销售平台，并开设课程积极培育村民的低碳意识，使乐和家园成了低碳乡村的可复制性样本。

（三）乡村传统文化景观解体，尚需优化设计

1. 传统文化景观解体

民间风俗是一个地区世代传袭的、连续、稳定的行为和观念，它影响着现代人的生活。地区民俗世代相传，强化了地区文化的亲和性和凝聚力，它是地区文化中最具特色的部分。梁漱溟认为：“中国文化的根在传统村落。”

乡村文化构成了中华文化鲜活和真实的生活方式。随着城镇化的急速发展，那些日常的生产生活方式被彻底改变。市场经济下，乡民普遍认为传统的耕作方式已经不适合现代生活习惯，思想也日趋功利化。在重城市、轻乡村的情况下，强势的城市文化将乡村传统风俗文化不加筛选地抛弃。当传统的乡村生活方式被城市文明影响、改变时，人们又在重新审视自己的文化价值，反思和怀念曾经质朴的乡村景观。

目前，大多数年轻人在城市置业后不愿回到故乡，以宗族姓氏为主体的乡村文化结构便逐渐解体。互联网的发展使得交流便捷，同时也让远离乡村成了常态，年轻人逢年过节回家看望亲人，偶尔去到传统村落看看风景、品尝一下美食，但新的乡村文化体系还没有建立，传统文化的保护面临诸多问题，浓郁的“商业化”色彩表现在乡村建设之中。很多乡村景观建设过多地追求经济效益，为了吸引游客，将乡村打造成为一个旅游点、生态园，往往在景观形式上追求新奇，村里的公共空间停满了游客的汽车，增多的汽车让村民失去安全感。在旅游利益的驱动下，村民也出现了思想的转变，出现有违乡村淳朴价值观的行为，宰客情况屡屡发生，严重破坏了乡村朴实的文化传统。同时，如周庄、丽江古城、香格里拉等地，由于旅游开发早，在缺乏导向和控制的情况下，过度地发展，使原住民将住房和铺面出租给外来移民经营，导致传统地域文化丧失，传统村落逐渐空心化。

2.营造精神文化内涵

乡村文化是中国人文精神内涵的载体。陶渊明在《桃花源记》中这样描绘：“土地平旷，屋舍俨然，有良田美池桑竹之属。阡陌交通，鸡犬相闻。其中往来种作，男女衣着，悉如外人。黄发垂髫，并怡然自乐。见渔人，乃大惊，问所从来。具答之。便要还家，设酒杀鸡作食。”桃花源里蕴含着中国传统乡村精神的内涵，人们在其中其乐融融，生活无忧无虑，这也许正是在城市生活的人去乡村想要看到和得到的美景。

乡村是当地风土文化的载体，人们去乡村除了观赏美景和品尝美味之外，更深层次的是对空间文化的认同、文化之根的找寻，体会东方文化思想下乡村社会情感和生活方式的表达，以及人们对于自然和祖先的敬畏之心。在乡村景观设计中，对乡村文化的挖掘是首要任务，只有整合村落空间资源，构建文化认同与文化传承的一体化形态，才能上升到精神高度，营造乡村的灵魂，回归文化、回归生活、回归乡村的本真。真正的乡村精神并不是因循守旧、一成不变，而是基于现代性、基于文化生长的一种精神价值。乡村景观研究的意义在于从表面上的村庄改造，上升到真正意义上的传统复兴和延续，真正让乡村精神得到持续发展，让文化与历史文脉得以传承。

二、传统村落乡村景观规划研究的意义

2006年，《中共中央 国务院关于推进社会主义新传统村落建设的若干意见》发布，《意见》提出了新农村建设的新路线和新目标。此后，全国掀起了建设社会主义新农村的热潮。2013年召开的中央城镇化工作会议又明确提出“让居民望得见山，看得见水，记得住乡愁”，这对新农村建设提出了新要求。党的十九大报告指出，必须树立和践行绿水青山就是金山银山的理念，坚定走生产发展、生活富裕、生态良好的文明发展道路，建设美丽中国。在新的形势下，乡村建设既要融入现代元素，更要保护和弘扬传统优秀文化，延续城市历史文脉。

在乡村景观方面，2017年，中央提出坚持新发展理念，协调推进农业现代化与新型城镇化，建设现代农业产业园，集中治理农业环境突出问题，大力发展乡村休闲旅游产业。在此背景下，我们进行乡村景观研究的意义重大，具体包括以下几点。

（一）契合当代人性化的要求

著名的建筑与人类学专家、美国威斯康星州密尔沃基大学建筑与城市规划学院阿摩斯·拉普卜特（Amos Rapoport）教授的研究表明，设计者的方案预期效果和用户之间存在很大的差异性，很多设计的目标往往被用户忽略或不被察觉，甚至于被用户排斥和拒绝，纠其原因是设计者没有更加深入了解用户的需求，有些设计者高高在上不去听取用户的意见，站在强势城市文化的角度盲目自信并对乡土文化藐视，从而导致大量乡村景观设计作品被村民排斥。他的观点准确道出了人的需求的重要性。

研究乡村景观的过程是与乡村当地人实现情感和文化交流的过程，对于

景观设计师来说，了解乡土文化、体验乡村生活非常重要。设计者能够从中发现在景观设计中的缺陷和不足，从几千年的乡村地域文化中继承和发扬乡村智慧，更加关注和思考人的需求和体验，设计出适合时代精神、具有持久生命力的乡村景观。乡村景观设计只有站得高、看得远、做得细，立足于改善现实，体现当代追求，打造丰富多样的生活空间，充分根据人的体验与感受造景，才能营造宜人的空间体验。

（二）立足乡村生态环境保护

国内的景观生态学研究起源于20世纪80年代。生态学认为景观是由不同生态系统组成的镶嵌体，其中各个生态系统被称为景观的基本单元。各个基本单元在景观中按地位和形状，可分为三种类型：板块（Patch）、廊道（Corridor）、基质（Matrix）。乡村景观多样性是乡村景观的重要特征，景观设计是处理人与土地和谐的问题，保护乡村的生态环境、维护生产安全至关重要。

中国传统的“天人合一”思想把环境看成一个生机勃勃的生命有机体，把岩石比作骨骼、土壤比作皮肤、植物比作毛发、河流比作血脉，倡导人类与自然和睦相处。工业革命之后，西方世界逐渐认识到环境破坏带来的影响，纷纷出台政策法规来规范乡村建设，保护生态。美国在房屋建设审批的时候对于表层土壤予以充分利用，建设完成后还原表层土到其他建设区域而不浪费。

英国政府对农民保护环境性经营实行补贴。对于保护生态环境的经营活动，每年每公顷土地可以获得30英镑的奖励，不使用化肥、不喷洒农药的土地经营将有60英镑奖励。农场主在其经营的土地上进行良好的环境管理经营。按照英国环境、食品和传统村落事务部的规定，无论是从事粗放型畜牧养殖的农场主，还是进行集约耕作的粮农，都可与政府部门签订协议。一旦加入协议，他们有义务在其农田边缘种植作为分界的灌木篱墙，并且保护自家土地周围未开发地块中野生植物自由生长，以便为鸟类和哺乳动物等提供栖息家园，如图1–1所示。立足乡村生态环境保护是今后乡村发展的趋势，同时也为乡村带来更多的机会，为城市提供更多的安全产品。

（三）以差异化设计突出地域特征

城乡之间的景观特征存在多方面的差异，不同地域的乡村景观同样各具特色。独特的自然风格、生产景观、清新空气、聚落特色都是吸引城市游客的重要因素。但随着高速增长的全球化和城镇化进程，乡村居民对于城市生活的盲目崇拜导致了城乡差别在不断缩小，在解决现代化和传统之间的选择时，并不是一个非此即彼的“二元”答案。

图1-1　英国生态村水源净化

浙江乌镇历史悠久，是江南六大古镇之一，至今保存有20多万平方米的明清建筑，典型小桥流水人家的江南特色，代表着中国江南几千年传统文化景观。2014年11月，第一次世界互联网大会选择在乌镇举办，是现代和传统的完美结合，差异化地表现了江南地域特色，体现出乌镇在处理现代与传统方面的成功经验。

（四）作为城市景观设计的参考

乡村景观虽然有别于城市园林，但它从自然中来，在长期发展中沉淀出的乡村景观艺术形式可为城市景观提供参考，如乡土的图案符号、建筑纹饰、砌筑方式等都可以成为城市景观设计中重要的表现形式。

比如，美的总部大楼景观设计通过现代景观语言设计表现独具珠江三角洲农业特色的桑基鱼塘肌理，给人以乡村历史记忆。本地材料与植物是表达地域文化最好的设计语言。浙江金华浦江县的母亲河浦阳江设计的生态廊道，最大限度地保留了乡土植被，植被群落严格选取当地的乡土品种，尤其是那些生命力旺盛并有巩固河堤功效的草本植被以及价格低廉、易维护的撒播野花组合。

在科学技术的不断创新下，社会结构和生产方式都发生了翻天覆地的变化，不可避免地出现传统乡村衰亡的情况，传统生活生产方式所产生的惯性在逐渐变小。吴良镛院士认为："聚落中的已经形成的有价值的东西作为下一层的力起着延缓聚落衰亡的作用。"北京大学建筑与景观设计学院院长俞孔坚教授在其《生存的艺术：定位当代景观设计学》一书中写道："景观设计学不是园林艺术的产物和延续，景观设计学是我们的祖先在谋生过程中积累下来的种种生存的艺术的结晶，这些艺术来自对各种环境的适应，来自探寻远离洪水和敌人侵扰的过程，来自土地丈量、造田、种植、灌溉、储蓄水源和其他资源而获得可持续的生存和生活的实践。"乡村景观正是基于和谐的农业生产生活系统，利用地域自然资源形成的景观形式，科学合理地利用土地资源建设乡村景观新风貌，以此促进农业经济和乡村旅游业的发展。

中国现代农业由于土地性质不同于西方国家，国家制度也和西方国家有本质区别，所以，既不可能单纯走美国式的商业化农业的发展道路，也难以学习以欧洲和日本为代表的补贴式农业发展的模式。三农问题（农业、家村、农民）一直备受国家和政府关注。胡必亮在"解决三农问题路在何方"一文中提出了中国农业双轨发展的理念，即在美国和欧洲、日本的发展模式下兼容并蓄、制度创新，创造出新的发展模式——小农家庭农业和国有、集体农场相互并行发展。国家也正在积极推进土地制度的改良，未来乡村将出现区别于几千年来的传统乡村景观，这也为乡村景观设计者带来了巨大的挑战——从传统中来，到生活中去，找到适合的设计方向。

第二章

影响传统村落景观发展的因素

传统村落景观在长期的历史发展过程中受到了各种因素的影响，有的因素在一定程度上提升了传统村落的整体质量，但有的因素则导致某些传统村落走向消亡。对传统村落景观发展进行研究，有必要熟知影响传统村落景观发展的诸多因素，从而有的放矢，维护与促进传统村落景观的整体发展。本章将对此展开分析与探讨。

第一节　自然地理环境因素

村落是亚细亚方式农耕文明的一种人群的聚落方式，尤以中国的农业生产区域为主的村落最为典型，它在中国的北方多被称为“村”和“庄”，在中国南方多被称为“寨”和“村”，在具有军事性质的农业屯垦地区，这样的聚落又被称为“屯”和“堡”，同时，在具有浓厚的宗法家族观念的影响下，这些聚落除了“村”和“庄”，“寨”和“村”，“屯”和“堡”的名词之外，常常会在其前面加上姓氏和家的名词，如“李村”“王家庄”“瑶家寨”“张家屯”“十里堡”等。

2013年12月，天津大学的建筑学院曹迎春、河北大学建筑工程学院的张玉坤，在《建筑学报》第12期上发表了一篇题为《“中国传统村落”评选及分布探析》的文章，文中认为：“目前公布的第一、二批传统村落共1561个，主要分布于贵州、云南、山西、安徽、浙江和江西等省，辽宁省则无村落入选。村落分布整体呈现南方多、北方少，东南和西南多、东北和西北少的分布特征。”其实作者不太明白，这“少”的地区，正好是西北和北方的游牧方式分布区域，一般很难有我们所说的村落。故村落在中国实际中基本只是农业生产方式区域的产物。

从历史的渊源关系而言，中国几千年间都是以这样的农耕生产方式维系了数亿万人口共同体的基本生存与文化发展，但我们对于这样的所谓传统村落的基本性质并不太清楚。这种以土地种植为主的小农经济方式的历史渊源久远，可以上溯到中国“井田制”时代。围绕着这样的“井田制”居住的人群聚落，就可能是中国最早的村落组织。发展到“二十五户为一社”时期，这样的村社聚落就应该与今天的村落没有太大的区别了。尽管后来的宗族社会组织结构介入了这样的村落的聚落形式，但其基本的形态变化不大。这种以户为单位的对于土地进行的种植生产方式，是世界上最为独特和最为成功的土地种植方式，它不但维系了从古至今绵延不断的以中华为主的东亚文明体系，而且还在这样的生产方式中生发了人类许多文明的重大成就。这样的方式被国外的经济学家称为“亚细亚方式”，但整个经济学理论界基本上都极为轻视这种生产方式的文化和文明意义。

村落就是这种独特生产方式的一种基本的物质形态。这样的村落在长期的文明发展中，其自身也包含了一系列的独特存在，即村落是为了实现这种家庭式的小农经济生产而形成的组织结构，但在长期的发展中，它却成为一个内容极为丰富多彩的村落文化。

2012年9月，中国“传统村落保护和发展专家委员会”第一次会议决定将“古村落”改为“传统村落”，以突出其文明价值及传承意义。但是，传统村落的内涵，可能比之更为深刻，因为村落不但是一种农耕文化的生存方式，也是一种生活方式，进而更是一种文化和文明的呈现方式。

在农耕文明方式下的村落，一般会包含以下内容：生产方式、生活方式、自然地理、人文环境、村社神灵、乡村仪式、艺术文化、村社组织、婚姻结构，等等。

村落中的生产方式受家庭组织形式、土地性质、工具、种植技术、地理环境、气候等一系列因素的影响。它是村落中人口生存和文化存在的基础，影响深远。它也是最容易受到现代科学技术中技术分离主义影响的部分，因为没有任何村落会拒绝科学技术对于先进工具和先进种植技术的作用。

村落中的生活方式包含了物质和精神两个部分，物质的部分主要受到现实的影响，而精神的部分则主要受到来源于群体初始文化构成的影响。

物质方面的因素可塑性强，而精神方面的核心一般是不可逆的。村落中的自然地理在很大程度上会影响生存方式的存在，基本上是自然地理为村落的生存方式提供可能性，然后在人为的一定努力下，建立起村落的小生态系统，而维持村落的基本生存方式。

村落的人文环境与群体存在的历史渊源，以及周边地区的固有的文化存在关联，一般会影响村落文化和生存方式的结构，但不会影响中国村落的基本形式。

在中国村落的古老文化中，认为万物皆有灵基本上是一个普遍存在的现象，但在不同地域和不同文化的渊源关系中，村社神灵的存在也是不一样的。但无论是哪路神灵，在蒙昧的时代，村社神灵就是这个村落群体心灵的基本依托，关乎村社人们的基本信仰观念。另外，这类的村社神灵与此地区域内的群体性格有关。

村落中的乡村仪式也是一个重要存在，没有乡村仪式，人与神灵的关系就建立不起来，祈福禳灾的心理安慰就没法实现，内心的恐惧也没有办法消除，村社安宁更难于实现。乡村仪式包含的内容对于群体和个人还有很多意义，这是一个乡村存在的基本的精神和观念的依据。

它的主体仪式是村落的群体性祭祀仪式，其丧祭仪式和婚姻礼仪仪式也很重要。村落中的艺术文化包含在人们的日常生活中，如口头文学、仪式性戏剧、服饰艺术、乡间音乐（民歌和乐器演奏）、工艺技术等。这些文化艺术会因地区或村庄不同而有不同的外在表现形式。

一、自然环境因素

自然环境对村落景观的影响一般清晰可见，往往通过对生产和建筑形制的影响而作用于村落的布局结构。干旱寒冷的北方村落和温暖多雨的南方村落不同，即使同为北方，草原上的村落和黄土沟壑地区的村落也不尽相同，同为南方，河网地区和丘陵山地的村落也不相同。北方草原上，人们多住毡包，逐水草而居，少有固定形制的村落；黄土沟壑地区，多以窑洞为主要居住建筑，窑洞沿崖壁分布，布局疏落有致，南方河网纵横地区，有些村落临河而建，顺河为街，以舟代车；山地丘陵地区，房屋多为轻巧的竹木结构，村落布局零落分散。

平原或盆地中央，土地珍贵，房屋密集，小巷逼仄，几乎不留隙地。南方炽热，为防夏季阳光暴晒，村落小巷幽深阴凉。北方旱作地区，村庄内多有晒场，或公用或在宽阔的农家院内；南方稻作地区，更珍惜土地，晒谷多在收割后的稻田内铺竹簟，甚至在溪河上临时搭木架，铺上竹簟成为“簟坪”。

北方运输多用驴骡，重物放在驴骡身体两侧；南方运输多用人挑，重物在人的前后，所以北方的小巷宽而南方的小巷比较窄。因此，北方的村落比较疏松而南方的村落更加紧凑。

对于村落建筑形态而言，特定地区的气候条件往往是最为重要的决定因素。气候的多样性必然造成建筑的多样性。我国传统民居从南到北都有四合院形态，但因地区的气候差异，南北院落的形态是不一样的。东北和华北地区，由于气候寒冷，为了争取更多的日照，建筑的间距较大，院落开阔。

江南地区，气候特点是冬寒夏热，空气潮湿，冬天要阳光，夏天又要遮阳通风，由于纬度较北方为低，建筑间距也就比北方要小一些，院落也渐次变小。到了华南，如广东、海南等地，属亚热带气候，冬天不冷，夏天较热，建筑中日照的要求逐渐让位于遮阳、避雨和通风，建筑间距更小，院落成为仅便于通风的天井。

二、生产经济因素

生产经济在农业中有旱作和稻作之分，有粮食和经济作物之分，有纯农业和兼营手工业、养殖业之分。还有的村落因地理位置做些过往交通的生意，这里面又有开食宿店、做小买卖、批发零售和过载运输等行业的区别。兼营手工业的村落，又有林、牧、农产品加工和烧窑业等的差别。造纸业从沤料、漂料、捞纸、晾纸、抄纸都要有规模不小的场地和设施，可能形成作坊。

烧窑业从闷泥、捣泥、制坯、晾坯、入窑烧制，到成品储存，再加上原料和燃料的堆放，所需场地和设施更多。这些场地和设施有一部分可能在村外，也有一部分会在村内，甚至和住房混杂，对村落布局结构和景观形态影响很大。手工业村落多有供奉行业神的庙宇，如烧窑的有老君庙、制靛的有梅葛庙、造纸的有蔡公庙等。

商业街市的有无当然是影响村落景观特征的一大因素。定期举行集市贸易的商业街，店铺五花八门，凡日常生活生产所需的物件都有店铺制作或销售，再加上茶馆、酒肆、药店、戏台和寺庙之类，街市结构紧凑，成为村落的特色景观。有骆驼队或骡马队过路的北方村落，则必有草料店、蹄铁店、货栈等，如北京石景山区的模式口村。

三、建筑形态因素

建筑形态对村落的总体景观特征起着很大的作用，对外封闭的合院型住宅相互紧邻，导致村落建筑密度很高，村内的景观以小巷为主，仿佛整个村子是由巷子组成的，住宅单体消失在绵延的高墙之后，只有门头作为点缀。独立式自由布局的住宅，如山区或一些少数民族地区，相互间都保持着必要的距离，使建筑物能够完整地呈现，村落的面貌比较开阔。南方有些大型的家族聚居性围屋，十分封闭内向，但由于不断扩展的原因，周边必须预留空地，相互间也不能靠近，少数特大型围屋，甚至一幢就是一村。

北方的窑洞村落也有多种，以靠崖窑为主的，多沿黄土断壁挖窑洞，错错落落，稀稀疏疏；以人工垒砌起拱而成的洞窑为主的村落就比较整齐，可能还有院子；以地坑窑为主的村落，院子在地面以下，塬上只见炊烟缠绕树梢而不见房舍。

此外，影响传统村落景观特征的因素还有很多。例如，由边防寨堡转变而来的村落或由戍兵解甲务农而聚居的村落，由民间神灵崇拜而形成的村落，还有世代习武以镖师为业的村落或组班演戏的专业村落等，都各有自己的特殊结构和景观形态。

第二节 新型城镇化对中国传统村落景观发展的影响

乡村只是一个相对概念，是相对于同时期的城市而言的一个区域，并且这个区域处于不停的发展变化之中。多年来农耕文明作为乡村景观存在的基础，以农业生产为目的的乡村发展变化非常缓慢，一直处于相对稳定的状态。然而由于农业现代化、乡村城镇化、人口流动等因素，乡村景观的形态规模和理念都发生了重大的变化。随着社会的发展，以往那种较低的人口密度和以农业生产活动为主的乡村概念已无法包容当代乡村的内涵。城市化的推进使得传统乡村特征逐渐淡化，农业向非农经济转型，聚落从乡村型向城镇型转变。另外，现代农业的发展、农业生产模式的转化也造成农业生产景观的变迁。目前，我国乡村正处在一个变化的、多元的和复杂的新时代，因此，对影响乡村景观变迁的因素进行研究具有重要的意义。

发达国家发展史表明，城镇化是工业社会的必然趋势。任何社会都不能拒绝城镇化。农村人口不断向城镇迁移、集聚是城镇化的一个重要方面。随着人口的不断移出，古村落衰败、消失将不可避免。据有关部门调查，中国传统古村落消失相当迅速。古村落的衰败、消失是由于人口的移出，人口的移出则是“市场经济配置资源的结果”，因为“人口本身是最重要的经济资源”。在此意义上，古村落的衰败、消失是城镇化必然存在的现象。在这两个必然性条件下，古村落的保护应该突破原有的思路，寻求新的方式和途径，否则就将是“知其不可为而为之”，不仅劳民伤财、浪费资源，而且还会丧失保护的最佳时机。

文化尽管离不开某种有形载体，但更为重要的则是其无形的、相对稳定的“灵”与“魂”。既然古村落的衰败消失不可避免，那么对它的有形形式的保护就将是徒劳的。从这个意义上说，对古村落的保护唯一可行的办法，就只能是保护它的“灵”与“魂”。但灵魂也需要借助一定的形式来表现，因此，在城镇化必然性条件下，将古村落的“灵”与“魂”融入城镇建设过程中，使它通过城镇形式而得以保护。

一、城镇化趋势下古村落不断窄化的生存空间

城镇化的自然历史性意味着大量人口将由农村向城镇聚集。而在城镇之间，也会出现人口逐渐由小城镇向大城市及其周围都市圈集聚的过程，这意味着城镇化过程必然伴随着大量的农村衰败和消失。发达国家走过的路程表明，不断出现的空心村现象是城镇化过程的必然结果。即便是现今，已经完成了城市化的发达国家，仍然存在着人口由小城镇向少数大都市圈集中的状况，同样有不少城市的人口规模日趋萎缩。

毋庸置疑，我国目前是一个正处于加速城镇化进程中的国家，随着我国城镇化的不断推进，古村落衰败消失现象、农村空心化现象，必然大量出现。人口是一种重要的资源，即便不把人口看成资源，舒适安逸的生活也是大多数人的追求。因此，人口从农村和欠发达地区流出，一方面是由于农村和欠发达地区难以充分利用这些人口资源，另一方面也是这些地方或地区的人们对舒适安逸生活追求的结果，毕竟城镇、发达地区的生活比农村和欠发达地区要方便、舒适安逸得多。一些省份迁出，人口不从欠发达的地区和农村流出，就很难提高这些地方的劳动生产率。从这个角度上说，人口的流动恰恰是人口在空间上优化配置和重新分布的结果。

尽管古村落在城镇化过程中的生存空间不断窄化，但古村落不可能完全

消失，因为，只要农村存在，古村落就会存在。农村居民是古村落的主人，是否保护古村落也取决于他们的自觉，当古村落未能满足他们的需求时，那么古村落就不可能得到保护。现实中常常发现，一些获得不少投入的古村落，尽管村落设施、建筑得到不断完善和修缮，但村中人口外移依然没有停止。农村人口这种流动行为说明，经济建设与古村落保护建设没有获得同步发展。

二、城镇化趋势下古村落保护的内容及方式

在城镇化的必然趋势下，古村落保护应该保护什么？如何保护呢？2013年12月，中央城镇化工作会议提出，城市建设要体现尊重自然、顺应自然、天人合一的理念，依托现有山水脉络等独特风光，让城市融入大自然，让居民望得见山、看得见水、记得住乡愁。2013年中央城镇化工作会议提出的城镇化建设原则，为古村落保护指明了方向。也就是说，在城镇化必然性趋势下，古村落要保护的内容是古村落文化内容中以人为本、尊重自然、传承历史、环境生态、友善空间等那些属于文化的“灵”与“魂”等无形的内容，而不是古村落的有形存在形式。古村落的“灵”与“魂”用一句话来概述，就是2013年中央城镇化工作会议中提出的“记得住乡愁”。在城镇化必然趋势下，古村落的“记得住乡愁”只有融入城镇化中去才能得到保护。而城镇也将因其承载了古村落的“乡愁”而具有自己特定的乡土特色。

2022年5月，中共中央办公厅、国务院办公厅印发的《乡村建设行动实施方案》（以下简称《方案》）中提出，传承保护传统村落民居和优秀乡土文化，突出地域特色和乡村特点，保留具有本土特色和乡土气息的乡村风貌，防止机械照搬城镇建设模式，打造各具特色的现代版“富春山居图”。根据《方案》，乡村建设要同地方经济发展水平相适应、同当地文化和风土人情相协调，结合农民群众实际需要，分区分类明确目标任务，合理确定公共基础设施配置和基本公共服务标准，不搞齐步走、“一刀切”，避免在“空心村”无效投入、造成浪费。《方案》明确，要加强历史文化名镇名村、传统村落、传统民居保护与利用，提升防火防震防垮塌能力。保护民族村寨、

特色民居、文物古迹、农业遗迹、民俗风貌。

城镇承载古村落的“乡愁”，本质上就是将古村落中的人对生命源头的眺望和对文化母体的挂念，对归属感的渴望，对游子剪不断的情怀和思念，转移到城镇中来。因此，传统村落的保护既要重视传统村落既存的现实存在，同时又不能总是只盯着传统村落本身，更要看到它在新的社会历史条件下生存的可能空间。

三、城镇化趋势下古村落保护的措施方案

当农村人口资源在农村条件下无法得到充分利用而产生效益的情况下，大量的农村人口向城镇迁移就是一种必然趋势。大量农村人口向城镇迁移势必造成大量村落和古村落的衰败和消失，农村生活的消失将使村落文化失去有形载体，但村落文化却是一个地区十分稀缺的文化资源，是一个地区的文脉之所在，应当成为城镇化建设过程中遵循的历史依据。城镇建设也只有以其文脉和文化资源为基础，才能建设成为具有吸引力的独具特色的城镇。在此意义上，在城镇化规划布局中，应该遵循或借鉴古村落在建筑、道路、水系、植被等空间环境上的讲究，使城镇既保持城镇环境的历史格局，也体现出对古村落文化的继承。

从生活空间角度看，城镇建设也应该尽力保护原住地居民的生产生活方式，在为原住民享受现代生活质量给予保障的条件下，尽量构建古村落风格生活空间和文化空间，使农村居民在城镇化后，既能享受到城镇生活，也仍然能够感受到古村落的生活。同时，也使城市原住民享受到一定程度的亲近自然、享受自然的乐趣。这也就是我们看到的欧美发达国家居民乐于生活在古城镇古村落古建筑中的原因，与环境、自然协调是古村落建筑文化的重要内容。

总的来说，在城镇化必然趋势下，古村落生存空间势必越来越窄，古村落的保护应该保护其“灵”、保护其“魂”，而要保护古村落的“灵”“魂”，只有将古村落的文化理念融入城镇建设中，才能够提升、凸显城镇化建设的文化含量，增加城镇的历史感，促进城镇与人和自然的和谐，更好地保留城镇的民族特色。

第三章

传统村落保护中景观规划设计的原则与空间形态

传统村落保护中，景观规划设计需要遵循一定的原则，在分析空间形态的基础上，合理设置景观。本章首先分析传统村落保护中景观规划设计的原则，然后探讨传统村落保护中景观规划设计的空间形态。

第一节　传统村落保护中景观规划设计的原则

一、尊重与保护原则

（一）尊重乡村生活的时代特征原则

我们内心期待的乡村应该是什么样子的？如画般的树林、青砖小瓦成片的村落、与春花秋月冬雪共同呼吸的田野等，这些和现代化没有非此即彼的二元关系，正确处理好乡村和城市的关系，保留传统的气质和文化氛围是乡村景观设计遵循的原则。

例如，在桂林市永福县崇山村，村里有一组旧建筑保持比较完好，已经被严格保护起来，本是一件非常好的事情，无奈村民并不满意，牢骚满腹。经过了多次的村庄修缮改造，村民对于前来的设计师抱有强烈的怀疑态度，通过入户调查沟通，一位老人吐露了心声。对于村庄里这一片完整的古建筑，这几年政府保护力度加大，严格限制他们对自家建筑的改造和原地重建，村庄四周都是基本农田保护范围，也没有土地能异地重建。现在的情况是，老年人守着旧宅，年轻人都搬到镇上或者县里去了。古建筑虽然占地面积大，但真正能使用的房间只有三四间厢房，老人家的4个子女节假日回来时无法同时住下，而且木建筑的保温、隔音、厨卫等设施都比较差，年轻人吃过饭后都选择开车回到自己的新家里，这让老人感到非常失落。这样的情况应该不是个别现象，故而当务之急是要区分保护级别，引入现代化设施，推出一批具有指导意义的新式住宅。[①]

从历史上看，传统的乡村景观被人们赋予了更多文化上的概念，分析保护主义者的观点、立场可知，他们单方面地看到对于过去保护的重要性，却会忽视对未来的想象力，也就是说不能尊重事物发展的普遍规律，没有发展的保护只会束缚乡村景观的发展。大卫·马特勒斯（David Matless）在《景观与英国风格》一书中指出，“英国乡村景观实际上是现代化乡村的典型代表”，英国的灵魂在乡村。

英国的乡村即使历经数百年，依然哼唱着古老的歌谣，拥有色彩厚重的庄园和草地上悠闲的羊群，这样的场景从古至今没有发生改变，这反映出现代化和传统并不是对立的关系。“理想乡村”在规划者的眼中是有次序的现代化空间（快速干道、电网、现代建筑物），在生态主义者眼中是有机的、绿色的、与城市区域相抗衡的空间，实际上他们所宣称的“理想乡村”在现实中都不存在。

---

① 黄铮.乡村景观设计[M].北京：化学工业出版社，2018.

英格兰古老而悠久的乡村——拜伯里（Bibury）保留着千年历史的故居村落，这里有传统排屋阿灵顿路小屋（Arlington Row），被英国政府作为级别最高的古建筑加以保护。这里一年四季绿意盎然，工艺美术运动创始人威廉·莫里斯来到拜伯里时称其为“英格兰最美丽的村庄”。

英国历史悠久，乡村自然景观与乡村文化资源丰富。在现代乡村里也有机械化程度发达的农牧业，人们生活富足、静谧，大量的游客来到英国乡村，入住美丽的乡村客栈，享受着乡村美食。英国的乡村之所以能得到良好的传承与发展，凝聚着众多人士的努力。“一战”后机械化的发展彻底改变了欧洲传统农业模式，建筑师雷蒙德·昂温所提倡的人口稀疏花园式城郊社区生活模式导致英国人口向乡村推进发展，乡村土地面积减少了6万英亩（1英亩=0.004047平方公里）。1926年，《英国的乡村保护》一书的出版标志着英国乡村保护和发展具有了明确的目标。英国城镇规划委员会主席帕特里克·艾伯克隆比呼吁成立英国乡村保护运动（CPRE）组织，以应对经济的发展对乡村的自然与传统人文景观的破坏，英国乡村保护运动组织在乡村景观建设上起到了重要的推动作用。

乡村社会经过长期的历史和文化建构，其成员对乡村生产生活方式有了认同，创造出了有着地域特征的乡村景观形态，这是一个不断更新和调整的动态过程。我们在做乡村景观设计的过程中，不能简单模仿和保留，要经过层层审阅，保留符合时代发展的内容，不断更新和再次创造，对于已经失去功能性的内容，可以在设计中让部分内容以纪念的形式存在。

立足于乡村发展，不做“假古董”式的乡村设计。王澍在元代画家黄公望的家乡富阳文村进行了乡村设计。面对这个过去有一个小五金加工厂和以养蚕务农为主的不知名的小山村，王澍从40多幢明清时代、民国年间的浙西古民居取材，沿溪而建，采用当地的杭灰石、夯土黄泥墙、斩假石、抹泥墙的传统建造形式，恪守与自然融合的建造思想，还原浙江乡村建筑原本的景观风貌。最关键的是，对于每一栋建筑都会考虑每一家村民的生活习惯和生活状态，建筑空间的内院、门、院子、堂屋、厨房、天井、农具间，这些传统的布局元素悉数保留，并按现代生活方式精细营造。顶层阁楼作摊场，可堆放农具、谷物或养蚕，外挑的屋檐不仅仅可以支撑屋顶，设计中还精心安排一根晾衣杆，可晾挂衣服和农作物。14幢低调又有特色的新农居与旧建筑相映成趣，“让居民望得见山、看得见水、记得住乡愁”，富阳文村展现了一幅现代的《富春山居图》，回归了原本的质朴与安宁。该景观设计吸引了众多游客前来参观，不少企业来考察发展旅游业。

（二）尊重和体现地域文化特征

英国保留着古老的历史和独特的风景，诗画一般的田园风光与亲近自然的恬静生活令人心驰神往。英国的乡村历史建筑保护体系是自下而上的，全民形成了良好的保护意识。营造乡村景观时，除了严格保护传统乡村建筑外，在建造新建筑时对建筑的高度、屋顶的坡度、外观的颜色以及构成乡村景观的其他元素都有严格而具体的要求，所以新建住宅往往能和传统地域建筑相协调。如建筑以木柱和木横梁作为构架，屋顶仍为木构架，以石板瓦为主，屋顶坡度较陡，有双坡及棚屋形老虎窗，每户大多有壁炉，局部屋顶及墙面有用精美的红砖砌成的烟囱，高高伸出屋顶的烟囱成为标志性的乡村景观元素。外立面以灰、米、棕色基调为主，深色的木梁柱与白墙相间，外立面底层为红色清水砖墙，白线勾缝，并加以图案装饰，简约而明朗。外墙材料多为红砖石材及涂料等，表现出内敛稳重的风格。外墙上窗户的尺寸一般都比较小，同时以莎草、亚麻和麦秆等为材料的茅草屋遍布英国乡村，与自然达到了完美的契合。

（三）积极营造乡村社区

乡村社区规划要把配套的基础设施和公共服务设施作为建设的重点，如学校、医院、图书馆、广场、公园等公共基础服务设施的规划建设，以满足居民的生活与工作要求。社区是一个功能完善的小组织，通常人们会认为乡村社区的交通设施、通信设施及能源供给设施都无法和城市相提并论，但位于得克萨斯州东部蒙哥马利和哈瑞斯郡的伍德兰兹（Woodlands）社区，在当初开发时还是一片荒地，后修建了医院、公园、广场、菜市场、购物中心等休闲娱乐场所，自然环境优美，受到居民的一致认可，被美国政府誉为模范社区。

社区是一个有着集体荣誉感的地方，社区建设同时是居民共同营造共识的过程，应鼓励公众参与乡村社区营造，比如通过座谈会、规划展示论证等多种方式参与规划的前期研究，还可以监督乡村规划，没有经过公众论证的规划无法得到审批、执行和建设，甚至公众对不合乎规划的建设可以提出申诉。在乡村景观设计中，应警惕设计师高高在上，过度干预建设活动，与村民愿望背道而驰。

（四）保护自然生态环境

乡村生态环境的保护是一个世界性的话题，目前谈保护不仅仅是单一的环境问题，更多的是社会与经济方面的问题。1962年，美国蕾切尔·卡逊（Rachel Carson）《寂静的春天》一书出版，在全世界范围内引起人们对自然生态保护的关注，唤起了人们的环保意识。书中用生动的现实案例描述了过度使用化肥和农药而导致环境污染、生态破坏、鸟类、鱼类和益虫大量死亡，最终通过食物链进入人体，给人类带来了巨大的灾难。

《寂静的春天》出版后，全球逐渐拉开了环境保护的大幕，随后英国修订了《清洁空气法》，德国的老工业区鲁尔区也开始产业转型，1969年美国出台了《国家环境政策法》，1972年，联合国人类环境会议公布了《人类环境宣言》。

道路对动植物生态链的影响很大。人类的道路在很多地方切断了自然的生态链条，虽然在道路设计中会考虑留桥洞给动物通过，但效果往往不好，甚至成为捕猎动物的地方，给一些动物带来了生命安全隐患。

在一些乡村地区的高速公路或国道上，公路两边的绿化带应种植一些高耸的树木，当有飞鸟横跨飞行到公路区域时，高耸的树木能提前让鸟类提高飞行高度，而不至于滑翔过此处，被来往高速行驶的车辆撞上，但相反的情况在乡村地区经常出现。

二、全面安排与保证重点相结合

传统村落规划涉及区域内多部门与行业。在规划中，一定要从我国国情出发，统筹兼顾；正确处理整体与局部、重点与一般、工业与农业、生产与生活、近期与远期的关系，促进传统村落全面协调地发展。

三、因地制宜，发挥优势

传统村落规划必须坚持因地制宜、发挥优势的原则，遵循地域分工的客观经济规律。我国幅员辽阔，由于各地现有的经济发展水平和地理位置不同，生产的集中化、专业化效益也不尽相同，再加之各地区生产诸要素的差异性，因此，因地制宜地确定各地区经济发展的优势，建立各地区不同特点的经济结构十分重要。

四、合理布局，保护环境，有利生产，方便生活

安排各项生产性项目的建设布局时，应按照上述要求对部门或项目在空间定位做出合理的安排。不同的部门、项目布局的条件有不同的要求，在实际安排中，应以“价值效益”准则，即应以较少的投入获得较高的产出，如传统村落工业企业厂址的选择，应在原料产地、能源、市场、交通、环境等布局条件综合考虑的基础上选择最佳区位，以达到降低成本、提高效益、防止环境污染的目的。

五、生态效益、经济效益、社会效益最佳原则

传统村落规划的出发点是保证区域经济持续地发展，在规划的过程中还需要整合区域内的不同要素，并合理地开发与利用区域内的资源，同时，还要加强对剩余资源的保护。在区域的整体结构中存在三大效益，即生态效益、经济效益以及社会效益，为了使这三大效益能够发挥出最大的功能，就需要将环境保护、经济发展以及人与资源这三者之间的关系协调好，并需要

采用科学的手段进行。

综上所述，虽然上述传统村落规划的原则是从区域内不同的层次与角度出发所提出的，但其分别体现了规划内的经济规律、自然规律以及技术发展规律。在实际规划中，需要综合运用这些原则，并且这些原则在应用的过程中既相互补充，又相互联系。

第二节 传统村落保护中景观规划设计的空间形态

一、村庄空间布局规划

（一）村庄总体布局规划

根据村庄的发展类型可把村庄分为带型村庄、集中型村庄和组团型村庄三种模式，并根据不同的村庄发展模式提出有针对性的规划建议。

1. 带型村庄规划

（1）布局模式

对于带型村庄而言，分布的地点主要为河边、湖边、干线道路边，特点就是距离水源和产地更近，同时对于贸易和交通更加便利。对于很多水网地区，村庄的建设一般都是夹河或是在河岸边；对于平原地区，一般都是通过主要道路进行展开的；对于丘陵地区，因为没有相对开阔的场地，对于村庄的建设往往是根据山形来进行确定的，在形式上是相对自由的。

（2）规划整治

①村庄的空间结构。对于带型村庄而言，规模是比较小的，同时布局也是相对比较分散的。对于空间结构而言，是中心有一个或是多个的结构类

型，在进行规划时，要对各个核心所具有的控制作用进行加强，并对带型村庄的有效长度进行合理控制。要与公共空间进行适当结合，对于公共服务设施用地进行合理规划。

②村庄的道路系统。在进行道路系统的规划过程中，带型村庄要对现有道路所具有的特点进行挖掘，因为地形对其有一定的影响，这样导致道路的形态是更长的，其中主要的就有弯路，所以，在进行规划的过程中，不仅要对本身的交通性进行满足，还要抓住现状所具有的特征，不强求其是直的，要保证是顺其自然的，保证具有一定的优势性。在对道路系统进行完善时，要根据居民在住宅方面的不同对骨架进行分布，同时进行道路的延伸，实现自由式的道路网。

③村庄的建筑形态。对于很多村庄的建设而言，建筑是根据地形进行的，有着比较古朴的风格。在进行规划时，对于很多有特色的建筑，要将其保留，同时对形式和安全进行完善和规划。对于组团内的建筑风格，应该是具有一致性的，但是相应的要在其高度差和地形上保留本身的特点。对于院落组织模式而言，要对各组团所具有的核心来对村庄进行整体格局上的把控，从而实现对村庄形态的形成。

2. 集中型村庄规划

（1）布局模式

集中型村庄，多数处在相对平坦的平原地区，同时，这一布局模式也是很多大型的传统村庄常有的。对于这类村庄而言，街道的发展是网络状的，无论是主街还是小巷，格局都是清晰的，内聚性也是较强的，在村庄扩大的同时，还可以向着周围进行延伸与拓展。在村庄中，街道所起到的作用就是把村民生活所需要的公共空间连接起来，以保证公共空间和交通上的连接性，使其具有比较丰富的机理性。

（2）规划整治

①村庄的空间结构。集中型村庄一般规模是比较大的，在进行规划的过程中，都比较注重整体的体系结构，以保证其整体布局的紧凑性。

②村庄的道路系统。对集中型村庄道路进行实际规划时，不仅要对村庄道路进行升级改造，还要尽量保持道路原有形状，以防止为修路而滥拆滥扩的行为发生。

③村庄的建筑形态。集中型村庄中的院落，在布置形式上要与网格式的道路相互匹配，尊重村庄所具有的原本的传统结构。同时，还要增加公共场地中的组团节点之间的联系，以形成中心结构中的网格式的村庄形态。

3. 组团型村庄规划

（1）布局模式

组团型村庄布局在较大的村庄中比较常见，因为自然地形对其具有一定的影响，所以，地势变化是比较大的。由于受到地形或水系的影响，极容易导致两个相对独立的组团型村庄的形成，对于各个组团村落而言，不仅是独立的，同时又是相互连接的。对于组团式布局而言，与自然是顺应的，在丘陵地区中，这种布局模式更加常见，通常有多个山丘进行紧密连接，形成分散的组团，从而实现一处村落的构成。

（2）规划模式

①村庄的空间结构。组团型的村落布局模式，应该因地制宜，结合村庄原有布局进行规划改造，以减少不必要的拆迁和对自然环境的破坏。

②村庄的道路系统。对于组团型村落布局而言，道路系统相比于其他模式而言层次性不够强。要结合村庄本身的条件和其地形条件对道路进行适当的规划，以保证各组团村落的紧密连接，使其构成一个完整的村落主体。

③村庄的建筑形态。在对村庄的建筑形态进行规划时，要保证村庄建筑形态的整体协调性，对于传统建筑及院落要进行保护性改造，尽量保持原貌，切不可破坏性地一拆了之。

（二）公共空间布局与设计

对于村庄中的公共空间而言，本身就是进行公共活动的重要场所，如文化体育、娱乐活动等。其基本布局与设计主要有如下几个方面。

1. 村庄公共中心的空间布局形式

村庄公共空间布局形式常用的有沿街式布置、组团式布置、广场式布置。

（1）沿街式布置

①沿主干道两侧布置。村庄主干道两侧通常集中较多的公共服务设施，形成街面繁华、居民集中、经济效益较高的公共空间，该布置沿街呈线形发

展，易于创造街景，改善村庄外貌。

②沿主干道单侧布置。沿主干道单侧布置公共建筑，或将人流大的公共建筑布置在街道的单侧，另外，少建或不建大型公共建筑。当主干道另一侧仅布置绿化带时，这样的布置被称作“半边街”，半边街的景观效果更好，人流与车流分行，行人安全、舒适，流线简捷。

（2）组团式布置

①市场街。这是我国传统的村庄公共空间布置手法之一，常布置在公共中心的某一区域内，内部交通呈“几纵几横”的网状街系统，沿街两旁布置店面，步行其中，安全方便，街巷曲折多变，街景丰富。我国有不少历史文化名村就具有这种发展的形态，其丰富多彩的特色还成了一个个旅游景点。

②“带顶”市场街。为了使市场街在刮风、下雨等自然条件下，内部活动少受和不受其影响，可在公共空间上设置阳光板、玻璃等，形成室内中庭的效果。

（3）广场式布置

①四面建筑围合，以广场为中心。这种广场围合感较强，多可兼作公共活动的场所。

②三面建筑围合，广场一面开。这种广场多为一面临街、水，或有较好的景观，人们在广场上视野较为开阔，景观效果较好。

③两面建筑围合，广场两面开。这种广场多为两面临街、水，或有较好的景观，人们在广场上视野更为开阔，景观效果更好。

④三面建筑开，广场三面开敞。这种广场一般多用于较大型的市民广场、中心广场，广场拥有重要的建筑，周围环境中山水等要素与广场相互渗透、相互融合，形成有机的整体、完整的景观。

2.公共设施的配置标准

（1）公共服务设施布置原则

在对公共服务进行设施配置时，应该保证其与村庄本身的产业特点和人口规模是相匹配的，同时，也要与经济社会本身的发展水平相适应相配套。要根据公共设施的不同对其配置规模进行设置，布局一般分为两种形式：一种是点状，另一种是带状。对于点状布局而言，应该与公共活动场地进行结合，保证其成为村中进行公共活动的重要中心；对于带状布局而言，要与村庄进行结合，从而形成街市。

（2）公共服务设施配套指标体系

公共服务设施配套指标按1000～2000平方米/千人建筑面积计算。经营性公共服务设施根据场地需要可单独设置，也可以结合经营者住房合理设置。

二、建筑空间布局单元

（一）院落式空间

综观我国各地传统民居资料，传统院落式建筑空间的基本单元由进空间、院空间组成。进空间是院落式房屋的主体，主要用作厅堂、卧室等；院空间为开敞空间，主要用于通风、采光以及日常生活活动。

根据地形条件，院落空间有对称和非对称之分。其中，均衡对称布局，主要位于用地条件较好的平原区；而非对称建筑空间主要结合多变的山丘地貌或不规则的水系环境，灵活布局。

1. 对称布局的院落空间

对称布局院落空间的主要建筑和空间沿着纵轴线（前后轴）与横轴线进行布置，多以纵轴为主，建筑空间主次有序，层次分明。传统地域建筑空间单元按进、厢空间的不同，有四合院、三合院、独立院和内井院落等形式。

2. 非对称布局的院落空间

非对称布局的建筑院落空间，大多不是按一定的轴线进行组织，而是结合地形条件，依山就水灵活布局，形成室内、室外相互贯通的结构形式。其院落与建筑空间也有一定的主次序列，但类型多样，不拘一格。

（二）非院落式空间

非院落式空间的居住生活空间主要位于建筑室内，室外主要用于公共空间场所，如沿街、沿路和沿河的建筑。在山区居民点，由于用地所限，独立的台地上常建筑立式非院落式建筑空间。在有些地区，结合民间生活习俗，建筑底层作为牲畜养殖场所，二层以上才作为生活起居空间。

三、建筑空间组合类型

（一）空间组合类型

1. 线状组合空间

线状组合空间，是指功能相似的建筑单体之间，按照公共空间场所特点，依一定规律呈线状组合的整体形态。根据组合空间的线型特点，可细分为直线型和曲折多义线型。

（1）直线型组合。这一类在平原地区较为普遍，包括街道空间和住宅群空间等。

（2）曲折多义线型组合。这一类多见于地形不规则的山丘缓坡地或水网密集地区。

2. 团状组合空间

团状组合空间，是指不同时期形成的使用功能相近的建筑单体，按照一定的空间机理，相互组合布局，形成团状的空间形态。传统村落地域团状组合空间既要有适于建设的地形、地貌条件，又要有亲近的社区人脉基础。其中，前者是团状组合的空间载体，后者是团状组合的时间保障，这类组合多见于人口相对密集的传统村落地域。

3. 散点状组合空间

散点状组合空间，是指不同时期形成的、使用功能相近的建筑单体，相互分离独立，形成不规则分布的空间形态。这类空间形态多见于地形变化大、可建设用地小、分布不均匀且人口相对稀疏的传统村落地域。

（二）地域空间环境类型

根据赖特的有机建筑[①]思想，建筑与其所在的地域空间环境是有机的一体，建筑及其空间离开了特定的地域空间环境，犹如树木失去根基和土壤最

① 有机建筑：是指一种活着的传统，它根植于对生活、自然和自然形态的情感中，从自然世界及其多种多样生物形式与过程的生命力中汲取营养。有机建筑是现代建筑运动中的一个派别。

终将会枯竭而死。只有当建筑及其空间与特定的地域空间环境联系在一起时，具有的生命力才更强，地域文化内容才更丰富。

1. 平原水网地带

水是生命的源泉，人类的一切活动均离不开水。在中国的平原水网地带，无论是江南水乡、东南沿海，还是中部多雨湖泽地区，均留下了宜人的水空间建筑风貌，这种特定建筑风格创造和丰富了风格各异的建筑空间和环境。

2. 高山台地

在高山台地，传统的农业和交通条件不如平原水网地带，地域居民经济水平相对也较低，反映在单体建筑规模上普遍较小。山地因交通不便，就地取材也成为山地建筑的普遍现象。因此，山地建筑的用材数量与种类也相应较少，单体特征鲜明。另外，复杂多变的高山台地环境也造就了具有不同地域特色建筑的空间形态，如屏山、景山等不同尺度山体形态环境的借鉴与引用，营造了高山台地建筑丰富多变而整体和谐的空间形象。再者，单体建筑因地制宜，对不同地形坡度和高差进行了有效的利用和处理，构成了高山台地建筑特有的建筑空间。

3. 山丘谷地

与高山台地地域条件相比，山丘谷地的交通条件相对较好，建设用地条件也相对较好，从而为建设大规模的单体建筑提供了主客观有利条件。因山与平原水网交汇，水陆交通衔接，建筑用材渠道广阔，故建筑体景观丰富，加之较为宽阔的建筑用地条件，为建筑单体的纵横向伸展提供了可能，这类建筑中二维空间组合较为常见。

四、建筑外观形式

（一）建筑屋顶形式

中国传统建筑屋顶尺度通常在单体建筑中占有较大的比例，建筑屋顶形式在建筑形象中起着重要的作用。不同等级的建筑，有着不同形式的屋顶，历史上传统的村落地域建筑等级较低，相对的屋顶形式也较为简单而常见。从中国各地民居资料看，传统村落传统的地域特色建筑屋顶主要可以归纳为硬山、悬山、歇山、棚和风火山墙五种形式。同一种屋顶形式，由于地区不同，其建筑材料、气候条件、施工技术等，会有所不同。

（二）青瓦屋面（常用）造型

我国传统村落地域建筑的屋面非常丰富，其类型有草顶和草泥屋面、青瓦屋面、琉璃瓦屋面、石板瓦屋面、板瓦屋面等。其中青瓦屋面是传统村落地域最为常见的屋面造型，其形式特点主要体现在屋脊的造型艺术上，有箍头脊、清水脊、皮条脊、甘蔗脊、纹头脊、雌毛脊、哺鸡脊和龙吻脊八类。

（三）建筑形体组合

我国传统建筑通过形体的不同组合，形成了丰富多彩的建筑单体形态。根据已有的资料整理，传统的建筑组合基本类型有悬山楼屋加披檐、错层楼层（楼层出挑）、歇山顶加披檐、多层碉房（加歇山顶）等。

五、建筑结构与材料

（一）门窗形式与组合

我国古建筑中的外檐门窗类型与组合极其多样，传统村落最常见的几种门窗形式主要有格子门、隔扇窗、花窗、直棂窗和阑槛钩窗等。

传统的门窗组合方式也较多，其中连续的大窗户有门联窗、合和窗等。另外，诸如安徽等部分地区的建筑外墙高耸，形成独立小窗，即墙体与门窗有机相间，形成相对独立的门窗。

（二）建筑材料与结构

众所周知，建筑是人类文明的结晶，建筑历史折射出人类文明的发展历程。考察某地域在某一时期的历史文化特征，可以从该时期的建筑文化入手。而建筑文化遗存的久远，取决于建筑历史的长远。

就单体建筑历史而言，建筑材料与结构、建筑构架类型起着重要的作用，其中的建筑材料与结构形式对建筑使用寿命有直接的影响。一般情况下，砖石结构的建筑使用寿命较长，而土木结构的使用寿命较短。如我国尚存的土木结构建筑大多为清代建筑，明代以前极其少见。

另外，不同的建筑材料，对人的视角感官作用是不同的，从而产生不同的建筑质感和美观效果。相比而言，木石结构、砖石结构、砖木结构会产生较为强烈的质感效果，而木结构、土木结构和竹木结构，随着年代的久远，质感相对较柔和。

（三）建筑构架

建筑构架是传统建筑中承担建筑荷载的构建系统和空间组合的基本骨架形式。根据建筑构件的受力点与空间组合方式，我国传统村落地域的建筑构架形式主要有抬梁式构架、穿斗式构架和井干式构架等多种形式。

1. 抬梁式构架

是我国古代建筑木构架的主要形式。这种构架的特点是在柱顶或柱网上的水平铺作层上，沿房屋进深方向架起数层叠加的梁，梁逐层缩短，层间垫短柱或木块，最上层梁中间立小柱或三角撑，形成三角形屋架。相邻屋架间，在各层梁的两端和最上层梁中间小柱上架檩，檩间架椽，构成双坡顶房屋的空间骨架。房屋的屋面重量通过椽、檩、梁、柱传到地面。

2. 穿斗式构架

是我国古代建筑木构架的一种形式，这种构架以柱直接承檩，没有梁。穿斗式构架以柱承檩的做法，可能和早期的纵架有一定渊源关系，已有悠久的历史。在汉代画像石中就可以看到汉代穿斗式构架房屋的形象。

3. 井干式构架

是一种不用立柱和大梁的房屋结构。这种结构以圆木或矩形、六角形木料平行向上层层叠置，在转角处木料端部交叉咬合，形成房屋四壁，形如古代井上的木围栏，再在左右两侧壁上立矮柱承脊檩构成房屋。

第四章

传统村落保护中景观规划与设计方法

保护传统村落景观，需要合理规划并运用科学的设计方法。中国地理区域广阔，不同的区域形成了不同的传统村落形态。因此，传统村落保护，需要根据不同的区域采用不同的规划与设计方法。本章主要针对传统村落保护中景观规划与设计方法展开研究。

第一节　传统村落保护中景观设计的方法

传统村落保护中景观设计须有一定的方法与步骤，本节重点介绍一些常见方法。

一、模仿与再生

模仿学认为，艺术的本质在于模仿或者展现现实世界的事物。模仿是通过观察和仿效其他个体的行为而改进自身技能或学会新技能的一种学习类型。模仿也是乡村景观设计中的一种基本方法，通过模仿乡村对象、乡村生存环境，学习并继承当地文化，激发设计师的个体创作。

景观模仿，江西村民将收割后的稻草就地堆放在田地或者院子里，用以生火做饭和对食物进行储藏保温。对这种具有地方生产生活特点的乡村景观形式进行保留和再创造，就不失为一种好的设计。中国不同地域展现出不同的乡土景观特征，尤其在建筑外墙、地铺、木作、结构形式等方面值得深入调查研究，在设计中模仿再生，延续乡土建造文化，可唤起观者的共鸣。

费孝通先生在《乡土中国》一书中强调："千百年来，乡土社会孕育的这种感觉，就是一个土字，土是生命之源，是文化再造和复兴的基础。"再生需要经过一定的时间积累，保持原有美的形式，在新的生产方式和生活方式作用下，尊重当地风土习惯，经过一系列的艺术加工，创造和发展出新的展现形式。在贵州省肇兴侗寨，村寨内将农业景观场景在村寨景区广场前集中再现，游人下车之始马上就能感受到浓郁的农耕景观（见图4–1）。

图4–1　肇兴侗寨景观再现

乡土景观的再生立足于当地的社会历史文化，艺术地还原或再现乡村的表现形式，延续文化特征。四川省北川羌族自治县新城在灾后的重建立足于传统羌族民居的传承和再生，建成了一座宽阔整洁、绿树成荫、花草遍地的现代化街区乡村（见图4–2）。

图4–2　北川新城

浙江省杭州市富阳区场口镇东梓关村，曾出现在作家郁达夫的笔下："这是一个恬静、悠闲、安然、自足的江边小镇。"孟凡浩及其团队遵循当地的习俗，设计每户拥有三个小院，前院放置单车、农具等，侧院放置柴火、杂物，南院用作休闲绿化。房屋基本为三层结构，有四个以上的卧室，还有客厅、储藏室等，并遵循堂屋坐北朝南，院落由南边进入的习俗，设计出各具特色的四十六栋回迁的杭派民居，再现了吴冠中笔下的江南民居风貌（见图4–3）。

图4-3　东梓关村内部装饰

浙江省建德市胥江“杭派民居”充分利用山地自然风貌，形成高低错落、疏密有致的民居村落。同时，利用朝向、庭院、装饰材料等，形成每一幢房屋独具特色的自然建筑效果。改造后的村落保留了杭派民居的特色：大天井、小花园、高围墙、硬山顶、人字线、直屋脊、牛腿柱、俄板墙、石库门、披桅窗、粉黛色，突出生态人本主义，使人、建筑、环境融为一体，再现了深宅合院传统“杭派”的山水景观格局（见图4-4）。

图4-4　胥江“杭派民居”

二、保持聚落格局完整

（一）保留聚落整体结构

村落格局最大的特征就是整体性，村落里具备各种生活条件和资源配给，安全和谐。同时，由于地域不同，又呈现出不同的文化内涵特征和地域差异性。一般情况下，汉族民居偏于封闭，具有整体的特点，山区少数民族的村落却表现出开放空间的特征。村落的道路空间应具有三类要素：道路、停车空间、公共活动空间。传统的道路设计整齐有序、宽窄不一、开合有致，看似随意的空间退让间距，是依据建造时的地形条件变化和村落的社会关系长期磨合而成的。重新设计时，尺度比例关系的协调在于设计过程中，不划定具体的红线宽度，尊重原有的道路格局，延续街道原有的自然肌理效果。如贵州省青岩古镇，街巷用青石铺砌，依山就势，随地势自然起伏变化，纵横交错，自然协调（见图4–5）。

图4–5　青岩古镇

完整的村落格局包括整体街巷交通网络、完整外部环境、社区化的公共空间、空间尺寸和比例的和谐，以便使聚落空间形成完整的功能流线。“清江一曲抱村流”，岳阳市盘石洲三面环水，四面环山，山环水绕，村舍沿汨罗江河岸排列开来，炊烟缥缈，仿佛人间仙境（见图4-6）。

图4-6　岳阳盘石洲

设计村落景观首先要考虑有完整的进村路线，形成村口—田地—村落—村居、村口—村落—田地—学校等多种空间序列。对于游人来说，要形成停车场—村口—公共广场—村落—庭院的空间序列。完整的乡村聚落元素包含街、巷、桥、水塘、建筑单体、井台、门楼、古树、公共场地等，这些元素序列构成了传统乡村的空间肌理，承载着乡愁记忆。

试想，如果游人直接开车到村舍的门前，虽看似方便快捷，却失去了乡村原有的趣味，降低了乡村的品质。川西林盘是川西几千年前就以姓氏（宗族）为聚居单位形成的，由林园、宅院及其外围的耕地组成，整个宅院隐于高大的楠、柏等乔木与低矮的竹林之中的分散聚落居住形式，是古老的田园综合体，林盘周边大多有水渠环绕或穿过，具有典型的农耕时代的生态文化特征，构成了沃野环抱的田园画卷（见图4-7）。

图4-7　散落田间的川西林盘聚落

乡间道路景观的形状在陶渊明的《桃花源记》里的描述是“阡陌交通，鸡犬相闻”。阡（南北方向道路）陌（东西方向道路）构成乡村田野的主要路网形式，南北交错在一起，狭窄而修长，是独特的乡村景观。《归园田居·其三》中写道：“道狭草木长，夕露沾我衣。”乡间的小路要体现出“小”的景观特征，安全的距离感会带来身心的放松。

（二）延续历史格局

聚族而居是中国传统村落的特征，血缘关系是影响村落形成的重要因素。

以宗法和伦理道德作为乡村社会关系的基础，以宗祠作为村落建设的中心，如为抵御外敌袭击，客家人以一个族群围拢而聚建立起的具有防御功能的土楼，宗祠就在聚落中心，祭祖、节庆和宗法活动都在宗祠附近举行，从而形成重要的公共活动中心。

在我国的西南少数民族地区，至今还延续着“一家建房，全村帮忙”的传统风俗，村落内都是同姓的亲戚，社会关系比较简单，大家齐心协力，这是一般村落无法达到的（见图4-8）。

图4-8　竖屋上梁仪式

延续村落的历史格局在当前除了继续维护以姓氏（宗族）聚居的形式外，更需要引导培育内生性的乡村社区，鼓励居民共同参与村落建设，推动村落的生态保护和产业发展，以利更好地保护和传承乡土文化。

（三）营造完整的公共空间

人与人构成了村落社会关系的主体。在社会学上，将人与人之间直接交往称为“首属关系”。长时间以来，我国村落人与人交往的场所是街巷交通、宗教活动、生产生活等区域，这些地方构成了除家庭关系之外村民重要的社会关系场所，也是村落独特的社会景观。在一起谈古说今、家长里短是重要的生活内容。曾经的村口的大树下、打水的古井旁、茶馆、庙会、红白喜事场所、街道门口、赶集（坪）场、洗衣的河边，都是重要的公共空间，构成了完整的社会交流关系网络。

村落传统公共空间衰落后，新的公共空间尚未建立，农民的公共生活出现衰败的情况，现在的村落小卖铺反而成了新兴的公共空间中心。从当前村落公共空间的情况看，传统的凝聚型的公共空间正走向离散。发生在村落公共空间的信仰性正在衰弱，娱乐性减少，生产性逐渐消失。复兴村落传统的公共文化空间，促进村民互动、进行各种思想交流，提高村庄的凝聚力，增强社区认同，是乡村景观聚落设计中非常重要的一个环节。村落不能简单地复制城市的公共空间，公园、广场如果没有涵盖乡村文化观念、体现价值认同、满足现代的功能需求，便无法安放村民的情感寄托和精神归宿。

安徽省绩溪县家朋乡尚村竹篷乡堂项目中，由于当地“老龄化”现象严重，设计团队选定了高家老屋作为村民公共客厅，借高家老宅废弃坍塌院落，用6把竹伞撑起拱顶覆盖的空间，为村民和游客提供休憩聊天、娱乐、集会、聚会、展示村庄历史文化的公共空间。竹篷的建成将村民团结凝聚到村落公共空间，对村落的激活具有重要的意义（见图4-9）。

图4-9　尚村竹篷乡堂项目

（四）注重屋顶视觉线

天际线的概念最初来自西方城市规划的定型理念，城市中的建筑通过高度、层次、形体组合在一起构成了城市的总体轮廓景观，体现了城市的审美特点。天际线的概念同样适用于村落景观环境。村落屋顶构成的天际线是构成村落景观重要的元素，给人以强烈的视觉感、节奏感。我国传统民居有秩序感的屋脊线，如徽派建筑的马头墙、岭南建筑的五行墙、陕北的靠山窑洞大院、山西深宅大院均质化的屋顶形式，都反映出强烈的文化符号，蕴含着我国文化中含蓄而内敛的特点。刘心武在《美丽的巴黎屋顶》里写道："古今中外，建筑物的'收顶'，是一桩决定建筑物功能性与审美性能否和谐体现的大事。"屋顶被称为建筑的"第五立面"，屋顶的屋脊线和天际线是聚落格局完整的重要视觉表现。除了建造结构带来的造型变化，屋面的色彩、质感、走向等都能唤起人们对于村落的无限想象（见图4-10）。

图4-10　独具特色的岭南民居屋顶景观

2008年四川地震之后，广元市金台村刚重建好的住宅因再一次被山体滑坡毁坏而不得不再建。由于资金和建房的土地有限，金台村的设计将城市的密集居住模式结合到乡村的环境里，屋顶为农户进行自给自足的种植提供场地，而地面层的开放空间则允许他们开展简单的家庭作坊。绿化屋顶的模式成为乡村景观的新探索，也带来了视觉上的统一，更是居民生活环境与农业生产的一次全新的尝试（见图4–11）。

图4–11　金台村屋顶梯田

（五）保持建筑视觉上的统一

乡村建筑应结合当地地理位置和气候条件，合理安排朝向，尽量利用自然通风保持建筑节能。综合考虑其功能性与视觉性的特征，整体建筑应充分融入周围自然环境之中，达到视觉上的统一。建筑屋顶、外墙立面、开门开窗形式在视觉上也要尽可能达到统一，但要注意的是，这样的统一不是复制，是在美学上设计符号的统一。在变化中求统一的效果，尤其忌讳不加考虑地复制，比如，捷克共和国特罗镇广场上的每栋建筑山墙立面虽然各不相同，但通过下层的拱廊将立面很好地在视觉上统一起来，开窗样式、色彩也在变化中寻求比例、色调上的相似符号，给观者一种视觉上的统一感和韵律感（见图4–12）。

在材料的选择上，也应采用能体现当地民俗民风的材料，如木材、石材、竹子、新式生土技术，等等。现代材料如钢结构、玻璃等在建筑中可局部使用，要保证本地原始自然建筑材料的比重远远高于现代材料。现代材料在色彩和比例关系上也需要考虑协调关系。

图4–12　捷克特罗镇广场建筑立面

三、表现景观肌理

（一）延续场所肌理

肌理（texture）是描述物体表面的视觉和触觉特征的感受，乡村场所肌理是生活在乡村地区的人们在土地上遗留下的生活的历史特征，凝聚着乡村的人文精神和集体记忆。场所肌理是大自然的禀赋，传统的生产技术水平有限，对自然造成的破坏程度也极为有限，这使乡村场所肌理得以完整地保存。计成在《园冶》的“园说”一节中开篇写道：“凡结林园，无分村郭，地偏为胜，开林择剪蓬蒿；景到随机，在涧共修兰芷。”古人在营造方面非常注重与自然之间的关系，尊重自然、适应自然的理念贯穿于整个中华文明的发展中。现代的景观生态学理论认为当前的村落景观肌理正受到外界的干扰而导致肌理破碎，肌理的整体性变成了零碎性，村落景观设计通过修复保持新旧肌理之间正常的相互渗透和影响，从而达到整体的统一。肌理修复旨在延续场所文脉，修复破碎的景观板块，渗透景观边界，重新构建体现场地的新的村落景观形式。

美国伊利诺伊州的Peck农场公园，目标是帮助孩子们进行农业体验，恢复乡村景观肌理，建造区别于美国城市的村落牧场公园。设计者尊重了伊利诺伊州本土的乡村农业景观，借景田园风光以景观体现村落历史，修复了混凝土粮仓和谷仓，并在里面进行农业陈列展示，开设吸引学生的农业教育课程。

设计者认为不能让孩子们在博物馆体验农业景观，而是应该走进大自然的肌理里，学习、创造、感受真正的乡村景观，如图4-13所示。在我国西南少数民族地区，由于地理条件的限制，瑶、侗、壮等民族靠山而居，精耕细作每一片可耕作的土地，形成了独特的农业梯田肌理。当前的梯田景观已经成为当地旅游重要的拉动点，这样的乡村肌理应被列入博物馆式景观。乡村设计者应该区别对待不同的景观肌理表现形式，尤其是延续具有现代生活特点的乡村肌理景观（见图4-14）。

乡村景观设计中延续场所肌理的方法有如下几个方面。

①将破碎的村落图景修补完整，形成整体的乡村景观肌理关系。

②定义聚落边界，完善院落和建筑的组合关系。

③边界渗入，通过渗入或者渗出边界肌理，再生新的景观肌理。

④异型介入，肌理同样也有着一个不断生长的过程，可进行批判性重构，在尊重原有历史建筑上，根据具体的设计要求和设计师的设计语言对肌理进行再创造。

图4-13　Peck农场公园

图4-14　云南元阳梯田

（二）强化地域文化肌理

乡村景观的美学价值在于延续传统的乡村美学空间，强化精美细致的地域文化肌理，探索持续的乡村景观美学之路。乡村砌筑和铺装营造能最直接地反映出独特的地域文化肌理，构成最为直接的乡村印象。从西北地区夯土而成的墙身，到徽派建筑烟雨朦胧中的粉墙黛瓦、青砖铺地，再到闽南和两广地区随处可见花岗岩板材铺地，一幅“雨里鸡鸣一两家，竹溪村路板桥斜”的道路肌理和生活场景画面，呈现在人们面前，给人以不同地域的乡村景观印象。强化地域文化肌理是乡村景观设计中的重要内容，也是营造视觉气氛的重要载体（见图4-15）。

图4-15　古厝墙肌理

我国乡村民居有多种砌筑方式，砌和筑的图案元素构成了乡土景观重要的元素，体现出文化的差异性特点，传递着乡村传统建筑文化的建构精神。除了常见的土砖、夯土板墙（泥墙）外，还有如潮汕地区的“金包银”，西南地区省料省时的“空斗砖”墙、浙江乡村墙体“横人字纹”砌筑图案和王澍在中国美院象山校区使用的“瓦片”砌筑技术，闽南古厝墙的墙石混砌，浙江古典园林里的地面铺装纹理，徽派建筑的木雕等，此类乡土肌理经历史和时间的沉淀调和而成，每一块墙、抹灰、小小的苔藓都有岁月的痕迹且不可复制，应该封存下来，加固和修补，延续在新的乡村景观设计之中，成为乡村景观的记忆和再生肌理。

（三）重塑五感景观肌理

所谓五感景观，就是通过视觉、听觉、嗅觉、触觉、味觉五种感官对肌理的体验感受。由于人的信息约80%源自视觉，一般所说的景观体验首先考虑的是视觉设计。村落视觉景观的形态反映在空间的色彩组合上，直接唤起观者的情感体验，具有独特的表意功能。

德国美学大师格罗塞（Ernst Grosse）在《艺术的起源》一书中认为："色彩是视觉的第一要素，在人类的视觉体验中，一些带有符号性的色彩形成首要的语言感知——印象。"村落景观色彩基调主要靠建筑材料及植物本身的颜色和质感来表现朴素的村落自然之美。我国的村落由于地域上的差异，呈现出丰富多彩的景观色调。

村落景观区别于城市景观，在颜色搭配上力求体现地域的特色，反映文化肌理。村落景观视觉色彩分为主色调、辅色调、点缀色，反映在景观中包括周边环境色、农业生产色、建筑颜色、屋顶色，甚至包括人的服装色彩等。主色调应控制在75%左右，形成村落景观的主体色彩，辅色调作为主色调的协调色，营造色彩层次。点缀色是主色调的对比色，在色相、明度和面积上都和主色调形成一定的对比关系。村落景观的色彩设计应遵循地域条件，结合我国特色和地方条件进行设计。位于四川甘孜州东北部的色达县建筑密密麻麻地靠山而建，漫山壮观的红房寺院，呈现出一片藏红色的世界光（见图4-16）。

北非摩洛哥王国最浪漫的粉蓝色之城——舍夫沙万（Chefchaouen）的房子都被刷成深浅不一的蓝色调，间隔点缀着浅浅的粉色调，人们在街道上穿着五颜六色的衣服，融合地中海、安达卢西亚和摩洛哥等文化特色，展现出独特的风光（见图4-17）。

听觉是声音刺激听觉器官产生的第二感觉，能够辅助和强化观看者的感官体验，传达对象的内在含义。乡村声景是借助自然之声，如风、雨、水、虫及鸟声，营造一种特定的环境氛围，辅助视觉色彩强化主题气氛，达到升华心灵的作用。南朝梁·王籍在《入若耶溪》中写道："蝉噪林逾静，鸟鸣山更幽。"意为山林里沉寂无声，此时夏蝉高唱与鸟鸣声声对比出山的宁静和清幽，独特的听觉描述，展现出山里空寂的无限空间，升华出独特的文人意境。

图4-16 藏红色之城色达

图4-17 北非摩洛哥最浪漫的粉蓝色之城——舍夫沙万（Chefchaouen）

乡村景观设计中不能忽略声音的营造，相比于城市喧闹和嘈杂，乡村有着自己的声音，构成了独特的声音景观。“明月别枝惊鹊，清风半夜鸣蝉。稻花香里说丰年，听取蛙声一片。”辛弃疾的《西江月·夜行黄沙道中》描绘出一个宁静丰富的乡村夏夜景观，明月惊鹊，群蝉吟唱，蛙声一片，村民也加入其中展望着丰收的到来，这些声音景观成为乡村景观里重要的符号，深深印在每个人的乡愁记忆之中。南宋诗人范成大在《四时田园杂兴》中写道：“桃奇满村春似锦，踏歌椎鼓过清明。”这是乡村清明节庆的声音。逢年过节，传统乡村里鞭炮声声，男女老少出门互相拜年的喜气之声都体现在这节庆的声景之中。

声音是乡村的时钟，从鸡鸣开始到熄灯睡语的停止，标识着日常生活的开始和结束。“雨打芭蕉”“万壑松风”“狗吠深巷中，鸡鸣桑树颠”，没有了这样的乡村声音，乡村也会失去生趣。有诗意的田园景观，就有纯净美好的乡村之音。始于1600年的日本佐贺有田町的伊万里陶瓷，以高雅的风格被人熟知，此后逐渐形成了被称为“有田千轩”的街道，并被选为日本国家“重要传统性建筑物群保护地区”，每年的4月29日至5月5日会举办有田陶器集市，超过100万名顾客到访，进入有田町，立即能够感受到制作瓷器的声音，还有陶瓷风铃在风中发出清脆悦耳的声音（见图4-18）。

图4-18　日本有田町的陶瓷声景

在触觉方面，通过耕种、采摘可亲身感受乡村生产、生活气息，增加农业知识和辨别能力。不同的枝叶、果实、种子带来不同的触觉感知，在乡村景观设计中，适当增加一些体验式的空间是非常必要的。

品尝体验集中在味觉感受上，去乡村的期待正是希望得到不一样的味觉收获。在春季可采摘樱桃、杨梅，夏季有蜜桃、西瓜，秋季有枣、梨，冬季有花生、红薯等。

放养的家禽、柴火味道的腊肉、鲜美的河鱼，这些都是人们期待的乡村味道。乡村味道是乡村旅游景观中重要的组成部分，味觉中飘满了悠悠乡愁。各个地区有着数不清的非物质文化遗产，其中很大一部分就是传统美食。

乡村的嗅觉不仅仅是芳香植物分泌出来的香味，还有来自乡村生活的稻香、麦香、果香、炊烟、节日的鞭炮味以及榨油的味道，甚至还有牲畜的粪便味，这都形成了深深的乡村嗅觉记忆。乡村景观中的嗅觉设计不可忽视，置身乡村之中，嗅觉将调节人的神经系统、促进血液循环。同时，也应该避免和乡村不匹配的设计，尤其是来自工厂里机械的味道和香味过于浓郁的植物在嗅觉上的干扰作用。人们对景观的感受是多方面、全方位的，乡村景观的五感设计能全方位作用于感知设计之中，加强景观的层次感以及代入感，给人们带来一种系统、全面的体验和感受。

（四）传承艺术肌理

梁思成认为：“艺术之始，雕塑为先，盖在先民穴居野外之时，必先凿石为器，以谋生存；其后既有居室，乃作绘事，故雕塑之术，实始于石器时代，艺术之最古者也。”传统艺术肌理体现在文化艺术上多在村落建筑结构、纹样、雕塑、拴马桩、牌坊、柱础等方面展现。村落设计中可利用传统艺术品如拴马桩、石敢当、蓄水石缸、磨盘、柱础、槛石、门枕石等石材雕塑艺术作为记忆符号展现。以拴马桩为代表的石制符号成为传统的展示品。拴马桩起初主要用来拴马等牲畜，逐渐发展成为住宅建筑的重要元素，被广泛使用。我国传统建筑、工艺方面重木轻石，即使存留下来的石器雕塑也带有木刻的技艺痕迹，区别于西方的传统营造。制作艺术精湛的木制雕饰艺术，如门簪、斗拱、门罩、雀替在村落景观设计中往往在建筑的传统肌理符号展现上起到重要的作用，能够营造出生动的场所效果。[①]

传统艺术肌理还包括利用传统耕作生产器物装饰村落景观设计，一般以叙事性的方式将实物布置在空间中，唤起人们的记忆，这些生产器物大多在当前没有实际的功用。

利用乡村的传统艺术振兴乡村是一个比较可行的操作模式，在国内外已经取得了良好的效果，一般这类村落已经出现衰落，利用传统艺术肌理结合现代功能可以激活它。昆山西浜村昆曲学社旨在保持这份乡村文化记忆，在衰落的村落建造一间“昆曲学社”，来重构西浜村传统昆曲文化氛围，凝聚村民并复兴村落。项目选择村口四套已经坍塌的农院，通过修补村落肌理，重建或改建四套院子，并植入昆曲文化在乡村之中。设计将所有院落的墙接在一起，曲折蜿蜒，高低起伏变化，粉墙和竹墙形成梅兰竹菊四院。进入村口循声而来，学社中空间丰富、光影交错，闻声而不见人，以展现昆曲的肌理特色（见图4–19）。

图4–19 昆山西浜村昆曲学社

① 黄铮.乡村景观设计[M].北京：化学工业出版社，2018.

（五）建立新乡村景观肌理

自然环境造就了生活方式，生活方式决定了乡村景观的面貌。南宋诗人翁卷在《乡村四月》里写道："绿遍山原白满川，子规声里雨如烟。乡村四月闲人少，才了蚕桑又插田。"描绘出农历四月到来，乡村人刚刚结束了蚕桑之事又要忙于插秧，乡村大地一片欣欣向荣的景象。

乡村景观来自生产生活一体的乡村生活形态，生产生活方式是一些地区产业发展过程中产生的大量历史信息和人们的共同记忆。在乡村景观营造过程中，提取原有符号的方式可遵循原有产业历史发生的脉络，根据其特征，延续或保存地区产业的价值。新的乡村景观肌理的建立不能孤立于乡村生活而建立。在全国大力发展乡村旅游的热潮中，我们也要呼吁未来乡村的自然生长景观肌理的建立，并不是旅游就代表了乡村的一切，这是一种急功近利的表现，有碍于乡村文化的延续和重塑，不利于乡村的长期发展。

乡村的未来不是城市化，也不应该简单成为城市人的休闲地。在贵州肇兴侗族一些被建成旅游景区后的侗族村落里，一边是旅游的酒店和餐厅，一边是过往的周边侗寨村民，此时旅游和村民还保持着一定的边界，但村寨的未来应该具有"造血"功能，无论是从文化上还是生产上都应具有自身特色的永续发展过程，城乡之间也存在着连接关系（见图4-20）。

图4-20　旅游引导下的侗寨景观

四、乡村植物景观设计

乡村植物营造首先要考虑区域内生态格局的完整，考虑植物的多样性，留住自然生长的植物群落。要使区域生态格局系统化，应在乡村景观植物设计中改变以往单纯种花、植树的绿化方式，从更大范围的生态角度出发，突破边界，整体考虑地区的生态安全和生产生活安全，处理好气候、地理位置条件和生态链的关系，培育多样性植物种类。秉着以生态平衡为本的景观设计理念，在物种之间尽量考虑到多样性，考虑人、动物、植物、微生物之间的需要，考虑四季生产、居住与阳光之间的关系，形成生态循环关系，维系人、土地、微生物之间的生命体系。

适地适树、经济化、差异化种植是乡村景观设计的种植原则，乡土植物具有种群的多样性和适应性的特点，能很好地表现当地的植物景观特色、整体乡村景观形象，提高景观辨识度。本土植物在当地经过千百年来的验证，不仅适合当地的环境生长，也可减少维护成本。国内景观行业曾一度出现一些地方将椰子树、老人葵、银海枣等南方热带树种移种在北方寒冷地区，不仅增加了运输和维护成本，还造成寒冬来临时大批树种难以生存的状况。[①]

乡村植物城市化的问题近年来也屡屡发生，尤其是大片草坪的种植带来的是维护成本的增加，视觉上也完全背离了乡村的气质。乡土的原生植被形成了乡村独特的视觉特征，比如在桂林漓江乡间，摇曳生姿的凤尾竹生长在漓江沿岸，与山的倒影相映成趣，很好地表现了桂林山水特色（见图4–21）。

中国传统文化中对植物栽植非常讲究，清代高见南所著的《相宅经纂》中记载有“东种桃柳，西种栀榆，南种梅枣，北种奈杏”。苏南农村以枫香、油桐、栀子、白檀、六月雪的配植模式构成了独特的乡村植物景观。南方农村在秋冬季，为了肥土在田里撒一些红花草籽，入春后田里一片翠绿，缀满红花，给初春的乡村带来了希望的色彩，形成农田花海景观。

---

① 黄铮.乡村景观设计[M].北京：化学工业出版社，2018.

图4-21　漓江凤尾竹

在种植方式上，应以大型乡土乔木构建乡村景观骨架，尤其是已经存在的古树或成片的树林，通过整体布局、局部补种来营造整体效果，形成乡村视觉的背景景观。速生树和慢生树交替种植，以本地树种为主，将外来树种作为极少部分的补充。小型木本、草本植物以及蘇类等可作为乡间道路的植物景观，营造丰富多彩的视觉效果，如蒲苇、芒草、狼尾草、芦竹等乡土观赏草，再配以野生花卉，切勿过多使用城市灌木。岸边可种植枫杨、香樟、水杉、垂柳等乔木，选择萱草、千屈菜、鸢尾护岸，挺水植物则选用莲、水芹、菖蒲等。在乡村入口处或转折处孤植大树作主景，可以营造提示功能。公共空间适宜种植高大落叶乔木，以满足绿化和遮阴的要求；庭院里藤蔓植物选用葫芦、丝瓜、葡萄等进行垂直绿化。由于气候潮湿，南方的树上会有一些自然生长的蕨类植物寄生，设计师可根据这样的特点进行模仿设计，展现南方独有的景观（见图4-22）。

图4-22 野草回家理念下的朱家林生态艺术社区

五、发展乡村文创

乡村文创是在传统的乡村文化肌理上，通过跨界创意与组合，重新塑造乡村生活的审美体验，它创造着乡村未来生活的新趋势。创意包含各类文化和艺术的探索与创造，当下文化创意活动正尝试在乡村景观方面进行改造，这给我国乡村的发展带来了一个全新而独特的发展方向。

比较纯粹的文创是来自策展人邀约国内外的艺术家、建筑师、设计师等，结合土地开发、历史建筑保护和特色旅游等方式，将古村落与现代艺术结合，积极探索乡土文化未来的突破和创新，这也是对乡村生活方式的一种新的审美体验。2011年，安徽省黟县碧山村艺术下乡项目“碧山计划”就是此类乡村文创。“碧山计划”试图通过艺术的方式改变碧山，重塑乡村生态。开办书店、艺术展、丰年祭是“碧山计划”乡村乌托邦的三个发展方向。

我国首个乡村文创园——“莫干山庾村1932文创园”于2013年开园，是以市场投资、乡村再造为梦想的文化市集，包含了文化展示、艺术公园、乡村教育培训、餐饮配套、艺术酒店等文创内容。北京市怀柔区雁栖镇智慧谷篱苑书屋、福州市永泰县月溪花渡乡村图书馆和福建省漳州市平和县崎岭镇下石村桥上书屋等，试图通过乡村公益图书馆项目，推动村民去适应，挖掘其创造性，以地域特性设计来激活乡村。但也应该看到，有些乡村文创项目从运营效果来看表现得并不理想，商业地产开发成了最终的归宿，艺术正在乡村的振兴中慢慢变得不够纯粹，商业成为最终的赢家。当前很多乡村也在营造文创气氛，试图借此来拉动乡村旅游发展，重实利的倾向还是现在的主要推动力，在未来会有真正的乡村艺术文创产生并持续发展下去。

六、以村民参与为主体

乡村的主人是村民。乡村景观建设是把当地村民的力量充分调动起来，激发每个人的创造力和主动性，使其亲自参与村庄建设之中。村民在物质条件改善之后，眼界开阔，接受了新的事物，审美意识也逐渐发生了变化。

村民参与是乡村建设的核心问题。当前的乡村建设以政府为主导，而其对实际情况了解不充分，往往导致某些地方政府为了保护传统建筑原貌，划分出保护等级，禁止对建筑擅自拆除和改建。这从表面上看是保护，但深入了解会发现村民对此颇多微词，实施效果不尽如人意。

政府拨付的费用不足以维护昂贵的维修费用，旧宅里的居住空间狭小、室内阴冷、设施陈旧，不能满足现代生活的需要。在乡村，孩子长大成婚时，旧宅如果不进行扩建，很难满足空间使用的需求，导致年轻人选择去外面建房或搬到城镇中，这些问题在我国的传统村落中非常普遍。有鉴于些，应使村民成为主体，参与村庄建设，听取更多的声音，以避免使用者与设计师之间的矛盾，真正落实乡村建设为村民的本质目标。

乡村景观初步方案制作好以后，应现场听取专家和村民的意见，对反馈的意见作答，在统一认识之后对方案进行调整。反复征求意见是方案获得认可的必然条件，但在听取和整理过程中，设计者也要对意见进行整理判断，不能完全被意见牵着鼻子走。方案确定后，再进行深入设计，反复推敲和论证，制作最终的设计文件。始终以村民为主体，依托地域特征，明确设计目标，在产业经济的基础上，推进乡村文化发展，建设适宜的乡村景观。

第二节 传统村落旅游开发与景观设计

现代乡村旅游源于欧洲19世纪中叶，农场主将自己的庄园进行规划设计，提供给旅游者一些游览体验项目，如骑马、登山、徒步、农业生产体验等。1994年，欧盟和世界经济合作与发展组织定义乡村旅游是“发生在乡村的旅游活动”。在我国，物质生活的提高带动了乡村旅游，我国人多地少，相比城市，乡村的土地优势得天独厚，乡村旅游兴盛带来了巨大的商机。

尽管近几年我国乡村旅游发展迅速，相比国外，我们乡村旅游起步较晚，对应的乡村旅游景观没有得到充分的发展。存在的问题是：乡村自然景观单调，在旅游区域没有呈现出游客期待的乡村景观；一些乡村投资巨大，打造豪华乡村旅游，导致其失去了乡土原来的味道；在乡村旅游景观中，一些假借文化、东拉西扯打造的文化景观，粗制滥造且亵渎文化，价值取向不高。

2006年，在成都全国首届乡村旅游会上，国家旅游局将乡村旅游划分为十种类型。具体包括如下。

（1）乡村度假休闲型（“农家乐”型）。

（2）依托景区发展型。

（3）生态环境示范型。

（4）旅游城镇建设型。

（5）原生态文化村寨型。

（6）民族风情依托型。

（7）特色产业带动型。

（8）现代农村展示型。

（9）农业观光开发型。

（10）红色旅游结合型。

如今，我国的乡村旅游正呈现出多元的发展方向，乡村景观更加注重设计创意，积极导入文创内容，注重乡村个性与特色的挖掘和展示，以彰显独特的乡土文化和手工技艺，构建乡村美学空间。

一、旅游资源调查与评价

旅游资源调查应系统地收集、记录、整理、分析和总结旅游资源及其相关因素的信息与资料，以确定某一区域旅游资源的存量状况，并为旅游经营、管理、规划、开发和决策提供科学依据。调查方法包括资料收集分析法、野外综合考察法、现代科技分析法、询问调查法、观察调查法、分类分区法等。资源对于乡村旅游来说，关键是找到差异点，杜绝产生景观建设趋同的情况。当前部分乡村旅游景观出现“千村一面”的情况，商业化、城市化氛围和人造景观随处可见，失去了乡村地域特色，而深入挖掘当地的乡土特色景观，展现不同乡村的个性景观，需要更加细致的前期调查工作，整理和总结资源情况，发掘其中内涵，从乡村旅游景观设计里体现出村落历史、延续村落文脉。

评价指旅游条件也要借助迈克尔·波特（SWOT）分析法，分析优势（Strength）、劣势（Weaknesses）、机会（Opportunity）、威胁（Threat）。在设计中应深入了解周边市场的情况，发现自身的优劣，制定设计战略目标。这部分是设计的依据，重要性不言而喻，后面设计的内容大多基于这个目标展开。

二、主题设计

当前，我国乡村景观旅游发展中出现的一些问题，可以归因为缺乏主题性设计，设计定位趋同，失去个性的营造。一些村落为了追求利益过于注重游客的需要，出现水泥道路、大型停车场、修剪漂亮的绿化植物、新式的住宿条件，使乡村景观失去了原有的地域特色，也丢失了原有的乡土气息，乡土文化的保护和传承渐渐让位于对经济的追求，最终落入俗套，失去吸引力。主题设计不仅仅是有一个吸引人的主题，还需要有完善的规划设计。有的时候一个主题刚刚出现，马上就出现很多模仿者，水平良莠不齐，大量重复建设带来资金的极大浪费。乡村景观应借助独特的资源优势进行定位，进而在乡村旅游产品中体现出来。

2016年9月28日，浙江省龙泉市宝溪乡溪头村以“竹”为载体的“国际竹建筑双年展”正式开幕。展览通过艺术介入，以建筑艺术的形式构筑中国乡村可持续发展的路径。“竹+建筑艺术”的主题成为激活乡村的一种文化选择。贵州黔东南州黎平县尚重镇洋洞村的牛耕部落，为发展乡村旅游寻求活化古村落，依托侗族民族文化，借助几乎消失的牛耕文化，逆机械化，反其道而行之，建立生态田园综合体，形成了以牛耕为核心的稻鱼鸭共育方式。当地良好的生态自然环境、保持完整的牛耕生产方式吸引了国内外大批游客前来体验感受，在牛耕主题下，部落里举办了千牛同耕活动项目，还原乡村晾晒、加工的景观场景，并衍生出具有文创特征的农业产品。成都郊外的三圣乡红砂村定位的主题为“中国花木之乡”，赏花和休闲为其旅游体验目标，并推出“五朵金花”的旅游品牌。

除了依托地域特色主题振兴乡村的案例外，还可以利用互联网平台将闲置和分散的农宅信息资源进行优化配置，共同开发乡村资源。2016年，北京万鸿信息服务有限公司推出一款农庄产品——专注服务于环北京一小时经济圈内的共享农庄平台，其内部包括农业生产、度假养老和旅游休闲等内容。平台搭建乡村主题，以高效可行的方式吸引更多乡村共筹共享项目——共享果园、共享菜园、共享民宿等渐渐呈现燎原之势。

三、期望景观

旅游者来到农村最期望看到什么？乡村之美体现在田园诗意、野趣的风景以及一幅幅自然温馨的乡村生活画面。不同年代有着不同的生活环境，南北方的地域环境也给人们带来了不同的生活经历，但由于人们的文化教育背景相似，因而对于乡村的旅游景观都有一个共同的期待——春天来到繁花似锦的田间采摘芹菜，山里的菌菇也慢慢长出，小姑娘提着篮子去碰运气；夏季把西瓜放进井水里，不久就能吃上冰爽的西瓜，少年们在河里比试各自的水中技巧，水花翻滚在嬉笑之间，还可以在鱼塘里浑水摸鱼、上树抓鸟；秋天是丰收的季节，有着吃不完的水果和美丽的风景，放学回家的孩子在秋高气爽的季节里欢快地歌唱；冬季里，大雪过后打雪仗，在牛粪上点上鞭炮，挂灯笼迎接新年，空气里都是喜庆的味道。①

旅游者抱着寻找、发现、体验富有特色的旅游产品的心理来到乡村，而期待就是基于旅游者的文化背景和想象力产生的心理行为。乡村的吸引力就在于给了旅游者内心强烈的期待景观继而使其产生归属感。深藏黄山的古村落——塔川的“塔川秋色”被誉为“中国四大秋色”之一。每到秋季，塔川方圆十里的乡间田野层林尽染，美不胜收，如画的美景满足了游人对乡村景观的所有幻想，好一幅迷人的桃花源景致。

四、差异化定位

乡村旅游的差异化主要体现在以下两个方面。

一是与城市之间的差异化，乡村诞生的目的在于生产农产品，城市诞生的目的在于交换，人们之所以来到乡村旅游就是要感受区别于城市的风景，所以，在设计乡村景观的时候要考虑到旅游者的主体来自城市，在设计中应更多地体现乡村的地域特点，将“土”味发扬光大。

二是乡村与乡村之间的差异，要避免恶性竞争，树立独特的竞争优势。试想如果相互之间没有差异的话，必然导致村与村之间为吸引游客恶性竞争，带来的是低质量的旅游体验。旅游归根结底还是要提供差异化产品供旅游者选择，只有保持地方本色、体现差异化的乡村旅游才有活力。

---

① 黄铮.乡村景观设计[M].北京：化学工业出版社，2018.

旅游者来到村落期待看到的是个性鲜明、形象独特的乡村旅游景观，在旅游规划里称为补缺策略。补缺策略是在区域内众多旅游景观产品中分析已有的旅游景观，发现和创造与众不同的主题形象，对乡村旅游资源进行补缺定位，创造具有全新特征的产品。对自身和周边竞争者特征和定位的了解，可避免产生同质化的竞争业态，开发自身资源优势，形成差异化定位。差异化不仅反映在体验乡村文化、品尝特色美食和对乡村景观的感受上，同时，还要对人群的消费能力和审美趣味进行准确地定位分析。

深藏在江西婺源山中的篁岭以晒秋闻名。入村要乘20分钟的索道，古老的徽派民居在百米落差的岭谷错落排布，村里没有广告牌，也没有喧闹的声音，一切都显得很安宁，每到秋季辣椒丰收时，家家户户支匾晒椒的农俗景观成为篁岭独特的景观。乌镇横港国际艺术村是中国首个儿童友好型的艺术村落，定位在亲子+乡村艺术，以艺术为媒介，是一个拥有国际化乡村教育的综合体。乌镇横港国际艺术村选择差异化的定位，形成一个开放艺术社区，通过一系列策划定位，让乡村、原居民、孩子、艺术家共同生活与互相影响。

五、情节互动体验

情节互动是指在挖掘当地文化基础上，按一定的故事手法组织乡村景观序列，围绕着一定的主题内容开展参与性的景观游览活动，提高参与者的认识水平，强化人与人之间的交流。情节互动体验的主要内容包括：①地域性的差异；②固定性和变化性的内容；③参与性和过程感。除了选用地方的建造技术、建造手法、植物展现地方的文化特点，形成具有差异化的乡村景观外，还应在旅游项目、文化产品上更多地考虑旅游者的内心期望，避免旅游产品千篇一律，体现不出地方特色。

情节互动体验的节目应安排固定性和变化性的内容。固定的节目属于常规性的保留节目，给予旅游者可以预期的内容。变化性的内容指管理者在节目安排上不断调整和更新，吸引回头客，让预期有更多的想象空间。可多利用一些传统的节庆来带动互动体验，如壮族三月三、侗族的冬至节等。

设计中应融入当地风土人情、民风民俗等方面的内容，在线路设计上以符号的形式提取并加以组合重构，使得游览环境丰富多彩，让旅游者不自觉之中参与进当地文化之中。对旅游者而言，乡村旅游不是走马观花，应该深入乡村去体验与城市不一样的感受，把节奏放慢，一点点感知，所以，在旅游设计中应把握好线路的节奏，把时间留给体验性较强的项目，让游客慢慢品味。

农事体验是感受乡村气息的重要载体，是身体、意识和环境连续而一致的反应过程。过去传统的乡村集体劳作，以家庭为单位的小农经济在农忙季节出现的场景“田夫抛秧田妇接，大儿拔秧小儿插”，与人们的生活息息相关，更加真实和具有功能性，是一门人与自然相互协调的生存哲学。在乡村旅游设计中，利用农业生产、生活、节庆引导旅游者参与其中，给他们带来全方位的游览体验。

日本著名杂货品牌无印良品（MUJI）在东京的郊区千叶县鸭川市西部，与当地的农场合作开了一间名为“大家的村庄”的全新店铺，这里可以买到最新鲜的农产品，承担着当地美食餐厅和体验课程的多种需要，而且游客可以亲自下地体验农活。这家以本地的农产品销售为主的店铺里提供本地食材的一日三餐，而农场的农活体验也不同于我国常见的好奇式的采摘体验活动，这里的体验需要提前预约并收取费用，通过参与农业生产、现场制作寿司等活动拉近了人与人、人与自然之间的联系。

六、夜间旅游

传统的白天游览已经不能满足游客的需要，延长旅游时间提高游客的乡村深入体验已成为未来乡村旅游发展的趋势。按照人的情绪特征，夜间旅游更容易激发人的情绪体验。当前，国内夜间游览多以文化为主题，加入新媒体等艺术因素，增加互动性，引导夜间游览活动，形成区别于白天的游玩路线和节目。阳朔在国内首创大型山水演艺活动《印象·刘三姐》之后，国内涌现出许多不同类型的印象系列，将灯光艺术融入自然山水，带来了全新的乡村旅游体验。

夜间旅游产品抓住了夜间消费人群的体验需求，经过布景和项目的组合，串入乡村地方元素，通过声、光、电等技术，营造乡村独特的夜间景观，带给游客不一样的互动体验，增加目的地的吸引力，带来更多的商业价值。乡村夜间旅游一般分为放松体验型、舞台剧情型和探险体验型。夜游景观的设计原则是本土风格统一和互动体验结合，照明的灯光设备不宜影响白天的景观效果，利用各类光源显色性的特点，突出表现重点照明的色彩。

夜游灯光除了满足基本的照明需要外，还要考虑对于重要节点的重点照明，以突出乡村的地域特色。整体照明应以线和面的布局展开，局部空间点缀点状布局照明。照明灯光应尽可能遮挡，避免直射眼睛，投射灯具可安装在建筑结构之内或者利用植被遮挡。乡村夜间灯光设计换一种方式便成就了一番新的乡村风貌，在夜游中布置一些互动的灯光装置更能加深人们的夜游印象，带来不一样的游览体验。

第五章

我国经典传统景观村落

在我国，不同区域的传统村落风格与特色是有明显不同的。因为不同的地理、区域环境形成了不同的传统村落空间形态。本章主要研究我国经典传统景观村落。

第一节　传统村落的典型景观要素分析

在北方，传统村落的院落居住行为与院落的第三空间层次“间”密切相关，在当地方言里，“间”的称呼富于特点：通常把堂屋正中的一间称作“当门儿”，类似城市住宅的“起居室”；旁边两间称作“耳扒儿”，类似“卧室”；厢房现在一般作为“灶火房”，类似“厨房”；“棚屋”一般功能上不住人，仅作为堆柴、杂务、洗澡之用，“倒座”常常作为一个统间比较随意，有的与门楼合为一处，有的堆放不常用的东西，也有的作为临时客人住房。此外，常常利用院落西南处的夹缝空间，上面覆以茅草顶，称作“厕所”。

院落内被堂屋、厢房等围合的空的庭院部分，称作“院里”，类似“庭院”。

一、院落的典型要素

（一）当门儿

1.当门儿空间的装饰性、正式性和重要性

在调查案例中，当门儿通常位于堂屋中间的一间，也有个别案例位于厢房或倒座房，当门儿通常是一个院落之中装饰等级最高、最重要的空间。大多数当门儿地面是水泥或青砖瓷砖铺地，四壁一般经过少量装饰，特别是与大门正对的墙面，一般会在墙面安置大型挂画，这幅画一般占满整个墙面，画的主题有喜庆、山水、伟人像、迎客松等。在其下方往往安置有案台或矮柜，上面放置一些具有特殊意义的物品，如大多数家庭都有祖先牌位、佛像等。当门儿其余空间安排有桌椅、条儿，有的顶部有吊顶棚、灯具、电风扇等。

一般来说，家庭所有正式的活动、仪式或礼仪性的活动都在当门儿进行，除一家人日常坐卧休闲活动外，也包含重要的待客、会谈行为，同时，当门儿也是家庭向外展示、表达偏好的地方。比如，装饰画中的迎客松，表示好客，四季山水，表达对山水自然的热爱；伟人像，表达对伟人的感恩。所以当门儿是日常生活的起居、休息的场所。当门儿里发生的行为也一定是拿得上台面的、具有面子的重要行为。

当门儿同时具有一定的仪式性，我们从传统当门儿的空间布局中常常能找到潜在的一条中轴线，即从堂画到大门中线之间的连线，它把当门儿分成左右两边，中间居中布置堂画和条桌，一边摆有沙发、椅子等，另一边摆有一些其他家具。

2.当门儿的主要行为

当门儿的功能比较复杂，各案例彼此差异较大。如经济条件好的家庭，当门儿基本上有电视机、影碟机等电器，地面铺地砖，墙面刷白粉。经济条件最好的，当门儿有基本装修，包门框，石膏板天花吊顶。经济条件差的，当门儿地面常常是土面，四壁是土墙，不仅摆有床还摆有粮仓，几乎没有电器，很多活动都不得不在室外进行。又如居住者的行为也存在差异，老人居住的当门儿，常没有电视机等休闲电器，会客用的沙发、椅子也很少，但常常有取暖炉。养猪户的当门儿常常没有文字对联，而会客用的沙发、椅子等多，说明社会交往较多。退休教师的家庭则有文字对联和奖状，家具对称排列很有古风，但没有沙发，椅子也少，说明社会交往相对较少。

虽然当门儿的行为纷繁复杂，但总体归纳起来，大多数院落的当门儿都可以分为表现、冥想、休闲、坐卧、饮食、会客、储藏七种类型的行为。通过分析，发现都具有的主要行为有两种，即饮食与储藏，而坐卧、休闲和冥想行为只在部分家庭中出现。

饮食是当门儿具有的重要活动，如当门儿都摆放有一些饮食用品，如碗、碟、茶杯、开水瓶等用具，说明当地大多数家庭都把当门儿作为日常吃饭、饮食的重要地点之一。因为在当地院落空间中，尚没有形成专门的吃饭空间“餐厅”，调查中甚至很少见到南方农村吃饭用的较高的方形和圆形餐桌。通常，当地村民在天气晴朗时全家会在灶房外的院里吃饭，天气不好或者晚上则在当门儿吃饭。

因为常在当门儿吃饭，很多家庭把一些重要的食品用具放在当门儿，如冰箱、饮水机、馍、饼干、方便面、茶叶等食品，甚至一些药品。这样除了吃饭，当门儿也是饮水、饮茶、喝药的地方，如为了加热和保温的需要，在当门儿备有小煤炉和热水器、热水瓶等；有时候当门儿甚至作为做饭的场所，如养有家畜，准备牲口食料往往占据了灶火房的空间，因而家人的饮食常在当门儿准备。

储藏也是所有当门儿都具有的重要行为，所有当门儿都有木柜等物品，但当门儿的储藏行为不止于此。某地在1980年之前，很多家庭在晚上都把牛等重要的牲口放在堂屋当门儿过夜，因为牛作为一种生产资料对于农业生产至关重要，但这种行为不仅是为了安全防盗。调查显示，在烟叶收获季节，农民也将收获的烟叶放在当门儿。邻居串门常能看到对方家里烟叶产量的多少，因此，在当门儿收藏、展示自家收获的农作物或者重要生产资料，显示了一个农民生产的能力和财富，类似一种自我表达和炫耀，能赢得别人的尊重。从这个意义上，农作物对于农民具有特殊的意义，正如我国台湾省学者黄应贵指出的粮仓对于农业社会居住的重要意义，在某些部落，没有粮仓的房子甚至不能称作“家”，而只是“工棚”。因此，当门儿的储藏行为并不仅仅是物品的储存，农家院落除当门儿外有很多地方都具备可以放置物品的条件，而把物品放置在当门儿确实另有深意。

会客、坐卧、休闲是当门儿的常见行为，当门儿会客常常只接待特别重要和亲近的客人，多是在节假日走动的亲戚，而通常的聊天串门仅仅在院落入口大门进行，所以大多数家庭因会客行为所必需的茶杯数目并不多。坐卧行为的标志是沙发的设置，大多数家庭都备有一组沙发，沙发作为一种外来的较为现代的家具形式，使当门儿的布局和传统厅堂产生差异：传统厅堂通常只有单独的椅子组合，而没有适合坐卧的沙发，沙发的出现使当门儿坐卧行为更加舒适。大多数家庭当门儿主要的休闲行为是看电视，一部分家庭把电视放在堂画下的正中，占据空间的主要位置，也有一部分家庭仍然保持把牌位或时钟放在堂画下的空间中轴，而把电视放在侧边，这样更方便坐在沙发上看电视。大多数情况下，会客、坐卧和休闲的空间与物品融为一体，成为密不可分的一部分。

冥想行为是当门儿特有的行为，当地许多家庭都在当门儿的案儿上摆放先人牌位，有的家庭案儿上放香炉和佛像，这些行为或表达追思，或表达宗教信仰，使当门儿空间具有一定的脱离世俗的神圣感。

总体来说，当门儿的表达、冥想和休闲行为属于个体精神生活的行为，坐卧和饮食属于生活必需行为，会客属于社会交往所必需的生活辅助行为，而重要农产品和生产资料的储藏属于生产辅助行为。在当门儿的几种功能中，休闲、坐卧和会客是一组相关联的核心行为，往往表现为沙发和茶几的区域。这一组行为也与其他行为相关联，如饮食行为，有的家庭在门边放一个小煤炉，便于烧水。坐卧行为又与耳扒儿的睡眠行为相关联，同时，会客行为有时也与表现行为相关联，当门儿的储藏行为有时也与相邻耳扒儿的储藏行为相关联。这些相互关联的行为使得当门儿的使用方式并不只是具有几种简单的功能，而是形成一种彼此不可分开的复杂的生活行为体系。

（二）院里

在北方，大多数农户都有庭院，最小的庭院面积约40平方米，普通庭院面积在60平方米左右，庭院与外界用围墙隔开，也有的用树枝堆来代替围墙划分界限。老式院落庭院大部分都是泥土地，局部有碎石铺地。新式院落庭院常用水泥铺地，大多数庭院种有少量的树、蔬菜和观赏植物，中部安排有水井等物品。其中，院落庭院被周边建筑和围墙围合部分利用最多，当地方言称为“院里”。有的院里以水井为中心，中间还有卫视接收器，周边搭有简易棚子，堆放柴火杂物。

李斌、范佳纯、李华曾发现自然村落的居住空间与城市住宅相比，村民的大部分活动行为和生活行为都发生在室外，室外空间是村民居住环境的重要组成部分。在农村住宅的形态变化中，院里空间一直被保留和使用着是区别农村住宅和城市住宅最重要的特征。

通过对以上院里行为归纳可以看出，院里主要的行为共有七类，其中洗漱和清扫是都具有的最普遍行为，表现、供水、储藏是大多数院里都具有的行为，一部分的院里还具有烧水、养殖、种植等行为。

洗漱是所有家庭必需的个人卫生行为，由于农村院落没有类似城市“卫生间”的空间，传统的“厕所”仅仅是排泄的场所，有的院落搭建了简单的洗澡棚，但也不能满足日常洗手、洗脸的需要。农民常年从事种植、养殖等劳作，经历田地环境的施肥、操作机械等动作后，回家后必须要方便及时地清理，包含洗手、冲鞋等。因此洗漱行为的地点常常靠近灶火房、水井等水源，也靠近入口大门附近，方便排水流出门口。洗漱的设施常常有一个脸盆架和多个脸盆，便于多次冲洗。

清扫也是每个家庭都具有的卫生行为，一般家庭把废水和污物直接排到大门外，但也有少数家庭，例如，院里有一个污物坑，污水和污物都排到污物坑，污物坑周边有杂草或石头遮蔽。

表现行为常常使不同的居住院落具有自己的特色。院里表现行为的地点常常在院落入口处，许多院落的入口正对着一堵山墙或影壁的地方存在一个入口过渡空间，这里山墙或影壁成为表现的重点。

供水功能是院落的常见功能。由于农村长期没有集中供水设施，村民普遍在自家院落打井取水。大多数在院落的西侧打井，因而用水的相关活动常常围绕这个井水点进行，洗脸用水、洗衣晾晒都在水井周边，种植盆栽也需要水，因而盆栽往往也和水井位置很近。对于养殖户而言，养殖需要经常用水冲洗，给牲口喂水，由于养猪户用水量大，猪圈也往往要靠近水井。

经济条件较好的家庭采用电动水泵，从井里抽水后用自来水管道输入需要用水的地方。管道常通到灶火房和灶火房外的采水点，这样灶火房的洗菜盆便可以取自来水，做饭行为更方便，效率更高。室外取水点主要供平时洗漱、家务、生产杂用，夏天给婴儿洗澡也从这里取水，因而相关的取水行为围绕这个取水点展开。有的村落通过村庄整治安装了自来水系统，但居民嫌自来水费用贵而且水质不好，所以大多数家庭并没有废弃自家的水井，而且新装自来水点多选择在靠近原有水井处。如有的家新装了自来水和简易太阳能热水器，但仍然通达到原有水井处，因为这里靠近羊圈和排水沟，这样新的设施的使用主动适应了原有的生活方式。这不仅是生活习惯使然，也是客观条件的限定。

院里的储藏行为与当门儿的储藏行为在储藏对象上有较大区别。院里储藏的对象都是比较大型的农用和交通工具，例如，木架子车、木架子床（晒粮食用）、拖拉机、农用三轮车以及一些农具等。这些农具使用频繁，体积较大，因而需要放置在院里便于及时取用。

烧水是一部分居住院落常见的行为，一些家庭特别是以老年人为主的家庭，需要经常用到开水，往往采用能长期保持火力的小煤炉加煤炭球的方式，这样既方便又节约费用，因而这些家庭的烧水与做饭所用的燃料、灶具都不一样，而且烧水的位置往往位于院里靠近灶火房门口的地方，这样放置的目的不仅仅是避免产生的烟气留在室内，也是因为本地院落特有的空间格局使灶房门外的这一位置能被坐在当门儿的人方便照看到。

养殖、种植等行为是农村家庭院落常见行为，有的家庭依赖自家院落的这些行为获得主要的经济来源，因而这些行为对家庭生存具有重要意义。养殖需要的空间往往位于院落的边角空隙处，尽量降低对居住生活的影响，而种植行为多发生在院落面积较大的家庭，农民在自留地收获的许多粮食也需要放到院里来打理，因而，从事养殖和种植的农民家庭对于院落空间面积和尺度的需求往往比纯居住需求更大。

总体来看，院里作为室外空间生活必需行为较少，其他行为则较为复杂多样，特别是生活辅助和生产辅助行为较多，也具有一定的精神行为。院里的诸多行为之间具有密切的关系，其中取水行为是核心行为，其他的烧水、洗漱、清扫、种植，甚至灶火房的烧饭等都与其相关。因而，院落的行为可以理解为以水井为中心的一系列复杂行为的体系，而这一体系也是整个院落生活体系的一部分。

（三）耳扒儿、灶火房和厕所

耳扒儿一般位于堂屋的次间，其主要行为是睡眠，但往往也附加其他行为，如不宜外示的储藏（粮食储藏）、女活（针线活）等，因而具有一定的隐秘性，也需要遮挡，不需要太亮的光线。院落空间模式中的“瞎瞪眼”“半捂眼”，即东屋山墙遮堂屋挡耳扒儿窗等有利于保持耳扒儿的私密性。虽然有的耳扒儿只是用简易隔断与其他空间分开，似乎私密性不强，但是由于没有连在一起的耳扒儿，中间总是有其他功能空间分开，故独立性较强。

在北方，主要耳扒儿通常设有粮仓，粮仓有的如床大小用砖砌，有的屋顶还设有专门的漏斗，便于粮食晾晒后直接从屋顶倒入。此外，有的房间还可以进行缝纫等针线活。

睡眠是耳扒儿最重要的行为，通常一个耳扒儿只有一张床。睡眠行为与人的类型密切相关，老人所在的耳扒儿私密性常常不强，仅需用布帘与当门儿隔开。年轻夫妇卧室的私密性较强，一般很难进入，多采用“一头沉”的房型，耳扒儿通常在“沉”的部位，有单独出入口，里面主要由一张大床、梳妆台等组成。未成年子女卧室往往较小也不正规，但常常摆有桌椅供孩子学习用。耳扒儿的主要行为是睡眠、储藏和生产活动，这些活动相对稳定，几乎为每个家庭所拥有。

灶火房主要是家庭备餐做饭的场所，空间上大致可以分为灶火区域和案板区域两个部分。家庭的灶火房大多数有土灶台，一般用泥土等材料砌成，体量较大，通常有一个烟管通到室外。土灶台多位于屋角或墙边，由于风水上要求进入厨房不可直接看见灶台，所以灶台正对门口的情况很少，也使得灶火房普遍通风采光不好。有的家庭灶火房也用煤气灶，但由于煤气灶使用成本高、火力弱，只是偶尔使用。农村有玉米秆、柴火等天然资源，有的家庭需要煮食牲口饲料用火量大，所以仍然普遍大量使用土灶台来做饭。许多家庭同时也使用小煤炉，主要用来烧水喝。这是因为使用煤炭费用省，移动方便，可以作为取暖设备，增加室内温度。可见灶火房多种厨具并存的现象普遍。炊事功能因需而异，现阶段任何单一的能源形式都无法独立完成农户对炊事灶具的全部需要。

北方农村主食是面食，面食制作需要时间，所以，常备有两个矮墩，炒菜时各有常见的刀、调料等，养牲口的农户往往还另有一个案板。此外，由于大多数灶火房没有自来水，灶火房内还有若干水缸储水。

因为使用土灶台烧火、水缸取水，大多数灶火房空余空间不大，环境相对较差，村民也很少在灶火房吃饭，再加上以面食为主的饮食习惯，使村民吃饭的地点并不固定。据调查，大多数家庭早饭相对简单，一般是喝汤，在庭院的小桌子上进行；中饭常常是面条配有小菜，一般在院子里吃，如果天气热或下雨，则在当门儿进行；晚饭天黑了一般在当门儿吃饭。因此，院落没有设置专门吃饭的空间。

总之，灶火房使用多种形式的能源、材料和方法操作，空间环境较差，因此，灶火房通常都不上锁，也不放置重要的东西，吃饭的行为也很少在灶火房进行。调查的家庭都采用了旱厕形式，处理粪便的方法简单，很多家庭仅为简陋的棚子，称为“厕所”。如院落的厕所利用了露天院墙，用炭灰处理粪便较为干净，逢雨雪天需要打伞，但房主表示已经习惯并不准备改变。有的新修厕所虽然外形仿照城市厕所，但功能主要用于排泄，不包含个人卫生的洗漱等内容。由于村里没有排污管道，而且还需要收集粪便做肥料，所以仍采用旱厕的形式，旱厕也很难真正成为城市的“厕所”或“卫生间”。

二、院落居住行为特点

（一）院落居住行为之间相互依存

重要空间形成以某类行为为核心的行为组群，若干个行为组群形成一个院落整体体系。

例如，当门儿形成了以会客、休闲、坐卧为核心的行为组群，这些行为共用了该区域的沙发、茶几、茶杯等物品，行为彼此之间也相互依存，很难绝对分开，如会客行为有时也与当门儿的展示行为相联系，形成一个行为整体。又如院里形成了以水井为核心的与水有关的行为组群，包含洗漱、烧水、清扫、做饭等。

又如做饭一类的行为，涉及许多彼此相关的行为细节，人们往往观察到调查对象在做饭的过程中经常进出灶火房，在院里各空间穿梭，如到水井取水、洗菜，在院里取菜，从当门儿拿一些用具等，这些行为彼此的依存度很高。由此可见，院落居住行为彼此联系紧密，从整体上看都是当地农村传统生产生活行为体系的一部分，某一项生活行为的改变，会对其他相关行为产生影响。例如，村民用电动水泵取水代替了水井，那么传统的以水井为中心的行为就会被多个点所取代，洗漱、烧水等行为不需再围绕原来的地点，灶火房就不需要水缸，做饭行为的空间范围缩小了。

（二）当地农民的居住行为与农业生产和自然环境关系密切

日本学者吉阪隆正提出可以把生活行为划分为三种类型，即把休养、饮食、排泄、生殖等生物性人的基本行为列为第一类生活；家务、生产等辅助第一类生活的行为作为第二类生活；表现、休闲等从体力、脑力上解放自己的自由生活作为第三类生活。

完成第一类生活需要完成如睡眠、饮食、排泄、坐卧等行为，主要在堂屋内当门儿、耳扒儿和厕所等空间完成；完成第二类生活所需要的行为内容最多，如烧水、做饭和一些农业生产辅助的行为等，第二类生活在农民生活行为中占有重要位置，也是农村生活与城市生活行为差别之所在。这些行为多数在院里发生，是因为庭院空间具有水井、土地、自然光线和通风等自然要素，便于低成本地完成这些生产活动。

许多院落居住行为与家庭农业生产和自然环境相关联，这是与城市住宅行为方式有很大不同的重要特征。如在庭院种菜养牲畜、停放农业车等。农村当前大部分村居仍然采用传统的农业生产方式，农民自己种菜、种粮食和饲养牲畜，因而院落居住行为和家庭生产行为紧密联系，成为当地农家整体生活行为方式的一部分，这种生活方式使得院落居住行为之间相互配套关联。例如，需要较大的灶火房和更便宜的柴火等燃料准备饲料，使用自然水井的便宜水源浇菜地，厕所采用旱厕便于收集农家肥。

（三）大多数村民家庭居住行为方式简朴、传统，与现代生活方式并存

受各种因素影响，大多数村民的生活方式比较简朴，生活标准和对生活的要求不高，因而一些具体的院落居住行为往往比较简单。

农民的洗漱行为也较简单，往往就是洗脸盆和毛巾、肥皂就够了，农民的休闲行为主要就是看手机、电视。村民具体的居住生活行为虽然简单，但这些都是生存、生活需要的最基本行为。

此外，许多家庭居住行为都沿用传统的做法和空间设施。例如，大多数家庭当门儿都保持有堂画和牌位，取水的行为采用水井（现在许多家庭附加一个电动水泵），储水用水缸，用水管浇地，做饭通常用土灶台，烧饭用柴禾和煤炭，如厕用旱厕，用草灰处理粪便，这些传统方法和设施与现代的城市化的一些电器设施并存，共同维系一种既现代又传统的生活行为方式。

（四）居住行为受社会、家庭因素影响大，适应性强

村民居住行为目前所体现出来的一些特点，是依村民所处的具体的社会、经济、家庭条件而形成的。

1. 家庭人口结构对村民的居住行为有一定影响

村民的居住行为受具体家庭人口结构的影响各有不同，家庭三、四代同堂的现象已经很少，二代家庭同堂所占比例最多。二代家庭中，由于很多农村中青年夫妇带着孩子到外地打工，所以在所调查的对象中中青年夫妇带孩子的两代家庭很少，反而是一对老年夫妇照顾更年老的父母的两代家庭较多。一代家庭大多数是一对老人家庭，独居的老人也不少。

对于两代同堂的家庭，由于多数为老人，他们的基本居住行为较为简单，如做饭、吃饭等行为不复杂。老人们通常喜欢在当门儿烧水，用煤球炉，基本都有堂画和牌位，但电视机往往只用作摆设。老人的生活设施较为老式简陋，对客厅的沙发也不重视，院落是其重要的活动场地。他们喜欢把室内生活通过门口向室外延伸，但延伸范围通常只限于门口附近。

老年家庭的居住行为还具有一个共性，即老人因没有能力从事重体力生产活动，所以生产性活动较少，涉及的基本生活行为较为简单，生活方式较

为传统。

2.农村家庭生产从业状况对居住行为有明显影响

例如，种植户家庭和养殖户家庭，其空间行为方式存在明显的不同。不同的生产类型，甚至于种芝麻和种烟叶的家庭，其空间利用方式也存在差异。

事实上，村民家庭的居住行为与院落的空间状况是相互对应的，养殖户对灶火房和猪圈空间的要求较高。如有三个灶台，侵占邻近多个小空间作为羊圈、猪圈；养猪户家有两个土灶台，灶房经过刻意加大。另外养殖户的庭院一般受到饲养动物的影响，比较脏，气味臭，因而养殖户家庭一般喜欢在大门口活动，所以灶火房和大门口是养殖户日常最重要的活动场所。而对于种植户而言，平时休息主要在堂屋的当门儿进行，因而当门儿的面积、摆设往往更好。此外，种植户的庭院因为农具的需要，面积较大，由于没有动物的干扰，因而比较干净，这样室内生活内容可以更好地在院里进行。

此外，具有较高文化水平的教师或者工人家庭，农业生产性行为不突出，但是庭院绿化和文化氛围浓重。当门儿采用古典的对称布置，有彩色照壁和大量绿化盆栽。

3.家庭经济状况对村民的居住行为影响巨大

住宅的使用方式是由经济基础即家庭的经济条件决定的，经济条件较好的家庭，住房条件较好，家庭设施较齐全，家具、家用电器及一些用品档次较高、较新，相应的生活行为往往更接近现代城市的生活方式和水准；经济条件较差的家庭，往往居住条件简陋，家庭设施老旧不全，相应的生活行为标准较低。

全民小康之前，农村的贫富差距比较明显，这些差距体现在建筑形式、材料，还有建筑的使用方式上，比如堂屋的布置和灶火房的状态。富裕家庭不仅采用砖屋瓦房，堂屋当门儿常常布置有沙发电器，灶火房宽大还堆放有各类餐具。贫困家庭不仅房屋低矮陈旧，当门儿常常家徒四壁，灶火房的炊事用品也较少。通过这些特征，有经验的人一眼可以看出一家农户在村落中的富裕程度。

当然，随着全民小康以及村落的发展，以上这些现象已不复存在。居住行为方式也发生了巨大变化。

4. 用空间来换取居住行为的简化和低成本

村落所处的社会经济环境决定了大多数家庭院落居住行为舍弃了高效和舒适性，而选择了维持生活所必需的最基本、简单的传统居住行为方式。在这种居住行为方式的要求下，院落空间没有追求专门化、集约度和舒适性，反而采用了简单、传统而与农业生产和自然关系密切的行为方式，这些居住行为之间彼此关系密切，形成体系。

例如，耳扒儿并不是专门的卧室，往往还附设有砖砌的粮仓，空间进深与堂屋当门儿一致，显得空间过大而且空空荡荡，并且由于私密性和粮食保存的需要，开窗狭小，房间显得阴暗。又如，为了防止污染，厕所往往设置在离耳扒儿较远的地方，上厕所要经过较远的距离，而且厕所大多是露天的还没有顶盖遮挡，缺乏城市厕所的舒适性，但便于拾取农家肥。灶火房也在堂屋之外，井水在灶火房之外，取水需要一定距离，如此设置主要是为了节约成本。可见，院落空间的设置首要目的并不是为了缩短单一行为的距离和时间，反而是为了扩大行为的空间范围，从而达到低成本、简单生活的目的。

因此，不能就此评价院落居住行为模式下空间利用的好坏得失，因为这种院落空间模式和居住行为方式并不是单独农民家庭的自我选择，而是村落社会经济条件整体决定的。

三、院落空间和生活居住行为的“调和”对应关系

（一）院落空间与行为的调和关系

阿摩斯–拉普卜特曾指出，设计的目的不应完全“切合”环境，文化与建成环境之间应当是一种“调和”的关系，经济与承受能力也要求环境能够对时间引起的变化做出反应，环境自身也总是有一定的变化幅度，因而设计应尽可能是开放性的，保持灵活机动，在千变万化中保持活力。半拉子院的空间行为正体现了这种诉求。

与通常的城市住宅不同，院落单个的居住空间和具体的单个行为之间

并不具有固定的对应的关系。一些居住空间对应多项行为。例如，当门儿具有坐卧、休闲、会客、表现、冥想等多个行为，而且这些行为有的又与别的行为有关联，因而当门儿很难与某个单独行为建立对应关系。又如，耳扒儿具有睡眠、储藏和一定的生产辅助行为等多项行为，院里对应的行为更多。

一些居住空间只能进行单个行为的一部分，而不能完成行为的全部。例如，灶火房虽然有做饭的行为，但做饭行为并不完整，常常还需要到水井取水，到院里拿柴火，到院里择菜等，有时做饭也可以在当门儿进行。

（二）院落居住空间和一些行为之间具有松散的调和对应关系

虽然单个的居住空间和具体的单个行为之间并不具有一一对应的关系，但某个居住空间可能对应数个居住行为，随着时间的不同这些居住行为的数量可多可少。某个居住行为也可能在多个居住空间发生，也会随着时间和条件发生变化，对应对象开放而灵活。

例如，当门儿通常具有坐卧、休闲、会客、表现、冥想、储藏等多个行为，但这些行为并不一定同时都具备。在某些特殊时期，牛作为特别重要的生产资料，当地村民常常在堂屋当门儿养牛。又如，耳扒儿虽然通常作为睡眠的场所，但由于家庭人口结构的减少，目前大部分村民家庭都有一部分耳扒儿空置，或者作为其他的用途，居住空间具有的行为随着时间变化而不同。

又如，吃饭的行为几乎没有一个固定的场所，天气好时在院里，天黑或下雨时在当门儿，有时也在门口和邻居边聊天边吃饭。居住行为所对应的空间也随时间变化而不同，因而院落空间和行为之间具有松散的对应关系。

第二节 中国典型传统村落景观案例

一、梯田型传统村落旅游规划案例分析

对于稻作农耕文明而言，梯田是其重要的历史产物，对于人类的长期发展和生存而言，是重要的智慧结晶。对于梯田而言，其在农业上有着悠久的历史，其在旅游文化上功能的体现是在20世纪90年代后才慢慢发展的。对于有着一定观赏性和一定规模的梯田而言，其在旅游开发上是具有一定机制的。在人们对梯田的文化内涵的认识上越来越深刻后，其本身所具有的旅游价值也开始被人们慢慢重视，对于梯田在研究和旅游上的热情越来越高涨，对于学术研究而言，梯田旅游是一个全新的领域。

对于梯田旅游而言，其对于传统村落旅游来说是一种比较特殊的旅行方式，在开发和规划上需要对生态农业系统中的要素进行融合，其中主要就是梯田，还包括村庄、竹林和溪流等，要保证旅游景观是“四季皆有景，四季景不同”。同时，对于梯田在耕作时的工具也要进行文化上的挖掘，比如梯田养鱼、梯田耕作技术等，并与本土的民俗活动紧密联系，以保证产品具有一定的特色，满足游客的多元化体验。

（一）规划区域概况

福建省的联合乡梯田位于尤溪联合乡西部，涉及的行政村有8个，总面积有10707亩，被称为是“福建省最美梯田”，是重要的农业文化遗产，被评为我国五大魅力梯田之一，同时也是海西之美的十佳景点。在唐开元时期，人们就已经开始了对梯田的开垦，经过在一千多年的劳作和文化上的积累，形成了自己独特的乡村农耕文化，可以说，“竹林—村—梯田—水流”是联合乡独一无二的旅游景观，此外，其与该区域中的其他旅游资源也是互补的，比如金鸡山、伏虎岩、梯田人家、传统村落山歌、民间音乐等。

（二）战略定位

联合乡旅游资源主要依托梯田、竹林、村庄、溪流、云海等，开发主体

是梯田旅游资源，同时带动茶叶、渔牧等特色农业项目共同发展，重点打造观赏、休闲、度假、避暑等文化观光旅游，使其成为旅客旅游休闲的最佳目的地。

（三）旅游产品设计

梯田的四季景观要对原本的“水稻＋油菜花”的农业种植模式进行拓展，变为“油菜花＋紫云英＋水稻＋银杏＋映山红”的特色农业种植模式，使其色彩更加丰富多彩，并以竹林景观作为辅助，使不同的景观植物在梯田人家的衬托和自然配置下，形成优质的旅游产品。

休闲体验活动的设计，要对资源进行合理利用，比如梯田、竹林、村庄、菜地、鱼塘、茶山等。同时，要开发更多适合游客的旅游产品，如瓜果尝鲜游、鱼塘垂钓游、避暑度假游、高山健身游、森林探险游、漂流刺激游等。对于一些旅游项目也要进行设计上的创新，如土猪和土鸡认领、花圃、果树种植、人力踩水、推石磨、犁地、施肥等。

梯田文化项目的设计，可以设立梯田文化展示馆，展示劳动人民千百年来在荒凉的山坡开垦创造的过程。既要有图片文字介绍，也要有体验的器具和场景演示，使游客在旅游体验上有更加深刻和直观的感受。

（四）配套设施规划

1. 餐饮设施规划

联合乡梯田在餐饮设施上的数量和在住宿上的数量基本是保持一致的，也就是说，对于一个农家乐而言，不仅提供餐饮服务，同时也相应提供住宿服务。旅游餐饮布局不尽合理，餐饮产品也比较单一，主要包括农家土菜（如土鸡）、野味、山野菜，对于游客缺少一定的吸引力。在规划设计中，要对自助式餐饮店和集中餐饮区进行设计，无论是内部的装饰还是建筑风貌，都要与景区浑然一体，并增加一些露营烧烤和生态自助。

2. 旅游购物规划

一段时间以来，景区没有专门的旅游购物商店，商贩的商品也比较单一。因此，在进行旅游规划时，要将购物网络进行三种级别的划分，包括购物街、购物点和便利店，对于特色旅游商品，如花生、金橘、食用菌类、珍珠笋干等，要进行特色化包装和开发，以满足客户的购物需求。

3.旅游娱乐规划

旅游娱乐项目规划，主要针对的是云山梯田度假村的娱乐场所，包括传统村落茅屋酒吧、田园烧烤区、棋牌麻将室等。作为度假村，规划、打造旅游娱乐场所，将会为景区增加又一个新的旅游亮点。

二、溯源文化型传统村落旅游规划案例分析

对于传统村落旅游景区而言，若主题为江河源头，在进行进一步设计时，就需要对江河文化在源头上的内涵进行深入挖掘，同时要充分利用水的灵动性，让游客感受到江河源头文化的博大精深。

（一）区域概况

闽江正源第一村，位于福建省建宁县均口镇台田村，处在严峰山北麓矮茶山一带的实验区内，是福建省的母亲河闽江的主要源头，流经矮茶山自然村，滋养地面积达到149.30公顷。周围的崇山峻岭，都被原始的植被所覆盖，环境优美而恬静，是天然旅游的好地方。

闽江正源第一村地处建宁县南部，距离县城大约25公里，交通便利，从此处经过的省道有2条、县道有1条、乡道有7条，铁路和高速公路也正在规划建设中。

（二）规划目标

对于闽江正源的文化底蕴，要进行充分的挖掘，保证闽江第一村和周围的瀑布、九县石和田园风光完美结合，延伸产业链，实现山上和山下的良性互动，使文化旅游景区连成一片，构成一个统一的整体。

（三）战略定位

景区的主题形象定位为“闽江正源第一村”，而主体客源也多来自闽江流域一带，为了突出溯源文化和传统村落休闲度假的特色，生态旅游应进行

多元化的综合发展，如开发文化体验、传统村落游、观光休闲、康体运动、商务会议、科普教育等。

（四）旅游项目规划

1. 溯源文化项目

在打造溯源文化项目上，可以修建一条景区大道，命名为“思源大道”。在道路两旁可以种植一些沙柳，让游客由路而思源。

为了科普溯源文化知识，应该规划一处溯源文化广场，通过塑像、科普馆，向游客介绍溯源文化知识，以增强游客对景区的了解和探究。

同时，还可以在闽江源第一湖的附近建设一些梯形水池，取名为爱情池、文曲池、健康池、幸运池、开心池等，并建设沿岸探源步道，如涉溪行走、跨溪立桩、走索桥、攀藤梯、滑铁索等，以丰富景区溯源文化的内在魅力。

2. 传统村落休闲度假项目

为了突出传统村落的休闲氛围，在传统村落景观的规划上，最理想的方式是选择一处比较平坦的地方，人工建设一个湖区，在湖中央种植荷花，同时配套修建水榭凉亭，将其命名为“闽江正源第一湖”。除此之外，在九县石水茜溪沿岸比较平缓的地带，修建一处休闲度假山庄，并通过植物造景等方式，对其进行装饰，以增强其观赏性。

3. 其他配套建设项目

为了丰富闽江正源第一村的游览内容，可建设一处古色古景的大门楼，并在景区入口建设一处大型的生态停车场，以方便旅游专线大巴汽车或是自驾游车辆使用。在九县石的多个地点设置观景台，以保证游客通过多个角度观赏九县石的美景。

第六章

我国传统村落保护中景观规划的生存之道

我国在长期发展与演变的过程中形成了各式各样、特色鲜明的古村落，这些古村落被人们很好地保存并流传至今。随着现代媒体对古村落的宣传与介绍，很多古村落受到了人们越来越多的关注，并掀起了旅游观光的热潮。本章主要研究传统村落保护中景观规划的生存问题。

第一节　对于传统村落保护发展的新认识

随着历史的发展，传统村落本身也在不停地演化发展，传统村落是历史发展的产物，从严格意义上讲，对传统村落“完全真实性”地保护是不可能的。传统村落是人和环境形成的动态平衡体，作为实物建筑群体，传统村落裸露于风霜雨雪日晒的自然环境之中，对它们的保护也不可能像对待古玩字画一样放置在恒温恒湿的环境中企求一成不变，而且仅仅保持建筑及其环境的现状也是不可行的。

通过对传统村落普通居住院落的研究，人们在空间与行为、历史演化与发展等方面得出了一些总体性的结论。然而，关于传统村落的保护发展问题，由于传统村落地域的千差万别和所处的时代不同，面临的问题和解决方法并没有一剂包治百病的“良药”。对于传统村落保护发展中的一些极其重要的问题，如传统村落保护发展以什么为基础和落脚点？保护发展以什么为重点和核心？传统村落的保护发展应该采用什么方法？保护发展的终极目的是什么？目前许多的研究都很难得出一个统一的或较为圆满的解答。

虽然基于具体案例和相关区域，在研究的过程中，对于以上传统村落保护发展的重要问题有了一些不同于以往的全新认识，但需要说明的是，这些观点是在特定区域、特定时期的研究中得出的，仅对于当前相似区域的传统村落具有一定的参考价值，至于别的区域或别的历史时期，可能就会有完全不同的认识。

一、传统村落保护发展的基本单位和落脚点是居住院落而不是单栋的建筑物

研究发现，在中原地区，传统村落的基本空间单位是居住院落，传统村落以家庭为基本社会单位，一个家庭就是一个院落。因而居住院落是传统村落的基本空间单位，院落可以由若干单栋建筑和院落组成，如果把其中的单栋建筑看成是传统村落基本的空间单位，就忽略了院落内在的社会属性和复杂的空间行为关系。

二、院落组合方式的控制应该作为传统村落保护发展的关键内容之一

研究发现，居住院落内部具有高度的调和性和适应性，对于居住院落整

体上的控制主要在于控制院落之间的组合方式，院落组合方式的控制对传统村落而言是至关重要的。

院落不同的组合方式形成传统村落不同的空间肌理，院落组合方式对所在村落空间形象具有决定性的影响，判断一个村落是老村落还是新村落或者是新老接合部的村落，完全可以从其不同的院落组合方式分辨出来，所以在传统村落的空间规划上必须对院落组合方式加以控制。

院落组合方式还关系到其他很复杂的方面，例如，交通。院落组合方式影响到不同家庭院落的出入口方位和出入方式，出入方式等交通状况又会影响到村落的整体产业，影响到传统村落整体的活动，所以，院落组合方式的控制应该是传统村落保护发展的重要核心内容。

此外，院落组合方式还关系到村民住户之间的关系，即一个院落跟另一个院落之间的关系，在农村这种院落之间的关系有时候还会引发矛盾冲突。因而，院落组合方式问题应该作为传统村落保护发展的一个关键内容给予足够的重视。①

三、院落和院落组合控制的基本方法不宜固化，应通过院落模式调适和公众参与来实现

农村建设方式与城市有很大的不同，过去有的地方常常用城市建设的思路和方法去指导农村建设。例如，新农村建设高潮的时候，很多地方都汇编了包含几十个到数百个单体建筑方案图集让农民去选择，有的也做了一些硬性的村镇规划，但效果并不理想。

有研究发现，有些地方的传统村落在当地具有一种基本居住模式，就是半拉子院的居住模式，在这种抽象的院落模式原型之下，具体某一户人家的院落如何布局，需要在基本模式下进行一些个体的适应性修正。老百姓家里盖房子通常不会完全按照农村住宅设计图中的某份图纸来建造，他们心里往

① 何刚.院落组成的传统村落空间与行为[M].南京：东南大学出版社，2018.

往早就有了一个模式，那就是村里某一家的布局或者是某几家布局样式的综合等，这一过程其实就是模式的具体调适。不同于外来设计的僵化，这一模式调适过程主要由村民自己主导，因而更加贴近他们的实际生活（见图6-1）。

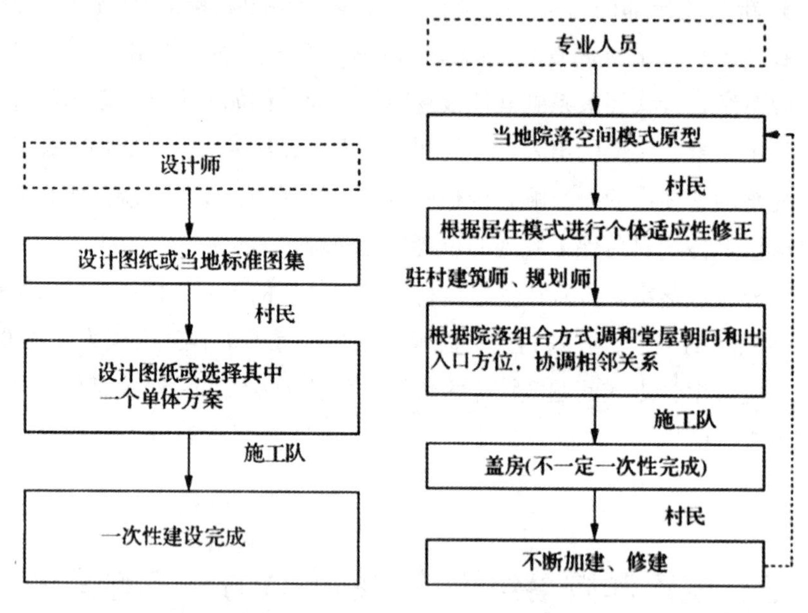

（a）过去常用的硬性固化方式　　（b）模式调适和公众参与的方式

图6-1　传统村落建设的两种不同方式

但是，对于院落之间的组合关系需要给予一些指引，例如建议村民院落的大门开在哪里比较好，对着哪一条路比较好，就像过去风水师所做的工作一样，现在由一个建筑师（或者是规划师）来承担这一角色。建筑师（规划师）除了需要具有整体布局的专业知识之外，还要有一定的当地的“风水”常识。所谓“风水”常识并不同于迷信上的“风水”，而是老百姓口中的“风水”，是当地老百姓的一种约定俗成和长期形成的一套村落居住不成文规则。通过这样的引导，才能更好地协调村落中各个住户之间，一个院落跟一个院落之间的关系，才能够让一个传统村落维持它原有的内在肌理并进行自然更新。

因此，传统村落要确定一个院落的组合方式并不是由某一个人说了算的，一个院落的门开在这里，另外一个院落的门开在那里，是一个公众参与的社会化问题，而不是采用一个城市通行的固定的模式或硬性规则来固化，这种公众参与的方式会给传统村落带来更多的丰富性、灵活性以及更大的生机和活力。

当前，农民的核心利益是宅基地，其实就是居住院落，保护居住院落，就是给予传统村落群体更多的生存机会。

传统村落保护发展的目的是什么？传统村落的问题说到底是一个利益问题，不同利益群体对传统村落的期望是不一样的，有人希望传统村落能够把文化传统延续下来，也有人希望传统村落早点消失变成现代化的城镇。

为了保留传统村落的历史文化传统和非物质文化遗产，应该鼓励积极有效的保护性开发。保护性开发是指在不破坏原有古迹和历史文化环境的基础上的合理开发。合理的开发不仅能以文物养文物，而且还能获得较好的经济效益和社会效益。日本长野县木曾村的妻笼宿，是一座被群山环绕的旧宿场町（古驿站）。随着经济与文化区域的重心偏移，妻笼宿人口越来越少，有走向衰败之势。1967年，人们在调查的基础上，提出了发展旅游观光业的设想。就妻笼本身来讲，虽然并没有什么独特的观光资源，但是，这个旧驿站町所保存的古貌，与其周围山区美丽的自然景观的结合，有可能打动人心。于是，当地居民组成“热爱妻笼村民会”，达成对主干道中山道沿线文物“不卖、不租、不拆”的原则协议。1973年，制定了更具体的妻笼宿保存条例，即居民宪章，妻笼旅游人数逐年增加；1976年，妻笼终于被批准为日本国家级重要传统建筑物群保存地区。从20世纪到80年代初，前来妻笼宿的观光客每年超过60万人。可见，合理地开发不仅使历史文化村落得到了有效的保护，还创造了良好的经济收益。

历史文化村落要得到合理有效的保护和开发，首先要有科学的规划管理。盲目的无计划地开发，只能加速历史文化村落的毁灭。日本妻笼宿之所以成为当今日本重要的乡野风光旅游地，是因为它早在1968年发展旅游业之初就制订了具体的村落规划方案，规划书指出：“观光虽然是目的，但历史文化景观的保存才是第一要义。”离妻笼不远的大平宿，是一处位于海拔1100米的深山孤村。该村最盛时达75户人家，后因交通不便，完全荒芜，村民全部迁空，房屋大都倒塌。1973年，反对自然破坏运动的山中人对此实施了旅游地规划，修缮了毁坏的房屋，恢复了地炉式的生活，由此掀起了一股热爱大平宿生活的旅游热潮。1976年，部分建筑学家和自然保护派的山民们在这里成立了保护自然、保护村落的“大平宿保存会”。大平宿旅游热的兴起，也是以先期的旅游规划为基础的。目前，我国不少古村落随着新闻媒介的宣传，也迎来了大量慕名前来的旅游者，相关部门应该及时规划，以促进古村落的保护、开发和利用。

第二节　传统村落的保护与利用

一、传统村落的保护

传统村落人与环境形成的动态平衡体系因社会、家庭的延续性而具有历史传承的内在动力。传统村落演化方式本身具有一定的历史传承性，分家使得居住院落获得使用者的历史延续，村落整体的演化也体现为一种新旧共存的形式。实际上，如果没有外界的影响，传统村落的演化也不是单向地脱离传统，而具有历史传承的内在动力。

经过漫长历史的发展，传统村落的人和环境组成一个密不可分的整体，形成了人与环境相互渗透的动态平衡关系。在这种平衡关系里，空间和行为之间既调和又具有适应性，这对于传统村落居住者的生活具有积极意义；随着时间的变化，人与环境所形成的整个系统也随之变化。一方面，这种变化受到传统村落社会家庭本身延续性的影响，在演化的同时也具有历史传承的内在动力；另一方面，村落具有的内在因素也可能使村落的发展具有不同的模式。

传统村落中长期被忽视的一些内在因素，以及这些因素对于传统村落的可持续发展具有的重要意义，即传统村落现有的居住模式对于当前村落居住者具有的积极意义。这提示我们在今后传统村落的保护发展中，要更好地关注村落目前的居住院落和村落整体空间状况，维护村落居住者的利益，让居住者参与传统村落的保护发展中来。

对于传统村落的历史传承其实并不需要刻意去追求传统的形式或表现，有时候对传统院落的刻意保护反而限制了它的自然发展，这种实例在传统村落中比比皆是。

对于传统村落的历史传承，应与当地村民家庭自身的分家继承结合起来，合理地规范、控制分家所带来的院落自身的进化或演化。只有村落居住者的代代相传，才能真正延续和传承历史文化，依附于人的村落才是有生命的，而那些经过了很好的保护却缺乏适宜村民活动的村落则走向了消亡。因而，传统村落的历史传承应从物的视角转到人的视角，增强对村落居住者的教育、引导，促进历史文化的真正传承，帮助村落居住者对空间的传承而不是阻碍、改变村落居住者的自然延续。

二、影响村落特征的主要因素

除了共同经历的历史环境使不同的传统村落具有一些共性外，不同的地域背景对传统村落也有一定的影响。同一地域的传统村落往往表现出类似的特征，不同地域之间的传统村落则表现出很大的差异性。

例如，河南省民权县朱洼村和张店村基本处于同一地域，两村由于处于同样的地理环境，具有类似的发展历史、相同的民情民俗等，在方言俗语、基本居住院落、生活方式、建筑风格特点、家族聚居方式等方面都具有同样的特征，并形成一个文化圈。这一文化圈在建筑上的标志之一是使用红石材料，标志之二是院落布局受到“晋商”文化影响呈现出一种“窄院”的空间模式，而采用“窄院”模式的地域范围更广，包括河南省洛阳、平顶山、南阳、三门峡、郑州、许昌、漂河、驻马店及豫北部分县市。这些地区明代以来共同经历了李自成起义和捻军起义等战争，还受到相邻地域山西的影响，主要是受到明初山西移民潮和清代晋商的影响，其文化特征是注重宗族、农耕和防御。[①]

从更广范围来说，这一文化圈又属于中原文化的一部分，具有中原文化的一般特征，如合院融合了暖温带的气候特点和儒家的伦理观念（长者居上、幼者居旁等），堂屋的开间一般取三或五的阳数，房屋向南开窗立门以利通风采光，北向较封闭以利御寒等。但同时这一文化圈的建筑特征也与中原地区内部其他区域有明显的差异，如河南西部干旱丘陵地区原有的采用窑洞和地坑院的形式，河南北部太行山区多用青石墙体、石板瓦等材料，河南南部地区则多为瓦屋，屋脊起翘曲线较大，多用空斗墙等。

从全国的范围来看，不同地域背景传统村落的差异，主要表现在如下三个方面。

首先，体现在基本居住单元和生活行为方式上。例如，北京市的琉璃渠村的许多居住院落采用了四合院的形式，这些普通院落有的采用了官式做法：南、北屋是硬山合瓦顶，东、西屋采用卷棚顶，廊子绕行一周，砖墙磨砖对缝，院落基址高进深大，与朱洼村和张店村的院落相比明显更为气派。陕西省韩城市党家村的居住院落虽然与北方合院形式接近，但常常采用窄院的方式，由于堂屋通常不作为日常生活空间而是作为礼仪和祭祀空间，因而堂屋布局较少采用北方民居中广泛采用的“一明两暗”式分隔方式，这与朱洼村和张店村的院落也是很不相同的。安徽省黟县西递村的居住合院通常面积较小，被称为“天井院”，寓意“四水归堂，财源滚滚而来”，这种狭小的天井院落模式与朱洼村和张店村的院落模式显然也有很大的差别。

其次，地域背景体现在传统村落不同的建筑风格上。由于地域的不同，各地建筑所采用的材料、构造也各有特色。例如，北京市的琉璃渠村由于生产琉璃，许多建筑都采用了本地烧制的琉璃材料和琉璃饰件，如过街楼城台券洞上的殿堂为硬山琉璃瓦顶，正脊内、外侧是琉璃五彩花卉，檐下悬琉璃匾额，前后栏墙由六角形“龟背锦”琉璃面砖装修等，具有不同于普通民居的特色。党家村建筑在空间上融入了晋、陕两地特点，门楼是重点装饰的部位，门廊两侧耳墙多以四方面砖镶砌，门前有上马石，门下则有各式各样的

① 祁嘉华.营造的初心传统村落的文化思考[M].北京：中国建材工业出版社，2018.

抱鼓石或门墩，木、石、砖三雕的精美是其特色。东南沿海的福全村很多采用白石墙裙、红砖墙面、硬山式屋顶，由于很多房屋都是居民利用碎石砌筑房屋，创造出了一种“出砖入石”的建筑形式，这与朱洼村和张店村采用红石材料和青砖组合成墙体有异曲同工之妙。

再次，地域背景的差异也体现在各地域宗祠和庙宇的差异上。朱洼村和张店村都是单姓村落，与同是单姓的西递村却有很大的不同，西递村的宗祠分为总祠和多个分祠，而朱洼村和张店村都只有一个宗祠。

由以上分析可知，地域背景对传统村落产生了影响，在同一地域背景下，传统村落相同的文化特征、基本居住单位、建筑风格、宗族聚居方式等方面往往具有共同特征，而不同地域背景的传统村落，其文化特征、基本居住单位、建筑风格、宗族聚居方式等方面则存在较大差异。

此外，一些不同于地域背景但又与地域相关的如宗教、军事防御、社会经济产业等因素也对传统村落产生了影响。例如，由于宗教信仰的差异，各地庙宇的种类和数量也有很大不同。琉璃渠村因有官办的琉璃生产机构，设有“三官阁”专门供奉天官、地官、水官，而福建省晋江市的福全村却因靠海，除了城隍庙、土地公庙、关帝庙外，还有相关的妈祖庙、临水夫人庙等。

战争与防御对于传统村落也具有重大影响。在传统村落的发展过程中，许多村落都十分注重防御，如相近地域的党家村、张店村在明清两代受到李自成起义和捻军起义等的影响，都建有寨墙，福全村为防倭寇也筑有寨墙。其中，党家村的防御最为严密，除了专门为避灾建泌阳寨之外，村内各巷道均有哨门，平时处于关闭状态，还在临河一线建造了石砌墙基的砖砌高墙。与之相反，有些商业发达的村落则较为开放，防御设施较少，如琉璃渠村和西递村都没有寨墙。

社会经济对于传统村落也具有重要影响，如党家村除农业外有部分商业，而西递村和张店村具有经商的传统，琉璃渠村则以生产和商业为主。

村落所具有的内向、外向的属性并不受地域背景的影响，而主要是与战争防御、经济产业等因素有关。例如，琉璃渠村没有寨墙防御体系，以生产琉璃为主要产业，靠近运河和铁路，是一个外向型的村落；张店村和西递村都有经商的传统，都没有寨墙，也是外向型的村落；福全村比较特殊，一方面，历史上福全村作为军事设施具有很强的防御性，其丁字街的路网形式也体现了其内向型的特征；另一方面，福全村的产业并不以农耕为主，而是一个海运的港口，具有外向开放性的一面，因而，福全村是一个内、外向综合型的村落。因而，对于传统村落划分为内向、外向型的类别对于不同地域的传统村落并不一定都适应。

第三节　对于传统村落景观规划设计的建议

传统村落是一个动态平衡体，内部有各种复杂的关系和联系，规划设计的作用其实在于调整和平衡内部各种关系和联系，从而维持平衡体的发展。相反，如果规划设计割裂了传统村落内在的各种联系，往往会引起村落发展的失衡。传统村落不仅包含一些物质空间形态，还是人和相关环境相互渗透、动态平衡的综合体。因而，规划设计更加强调规划上的公共参与，关注人与环境（包括人与自然环境以及人与社会人文环境）的平衡关系，注重规划本身的灵活性对环境的可适应性，以维系和改善村落内部各因素的联系，平衡各利益之间的关系。

一、树立为使用者服务的价值观

传统村落的保护发展由于涉及利益众多，常常不可避免地要包含个人或者特定利益群体的价值判断，过去的涉及传统村落的规划设计中，容易偏重于两种价值取向。一种是单纯偏重于传统村落的物质和文化形态，注重文化遗产和历史遗产价值，表现为一种过度强调保护的倾向；另一种是以个人或者特定利益群体（外来者）的目光和价值来做判断，注重传统村落的经济价值，往往表现为一种强调村落经济发展和商业开发的倾向。[①]

这两种倾向都没有完全顾及传统村落实际居住的利益，只有传统村落的实际居住者才与传统村落的未来命运息息相关，脱离村落居住者的任何设计规划倾向都不利于村落的真正发展。因而，传统村落的保护发展应树立为居住者服务的价值观。

正如阿摩斯·拉普卜特所说："设计要为使用者，而不是为设计者服务，要理解这种有利于使用者的环境属性，就要明白文化的作用。"因而，树立为传统村落居住者服务的价值观，就需要更加了解传统村落居住者的生活和文化。在传统村落的保护发展中，不应盲目引入其他的居住模式来改变村民的生活，而应正视村落本身的居住模式所具有的历史传承价值和实用价值，加强对现有院落居住模式的保护、发展和利用。

二、"调和"和"适应"的新设计模式

在传统村落中，各类纷繁复杂的居住院落都具有统一而明确的原型——院落空间模式和行为模式，这种空间和行为模式往往具有调和的关系，而具体的居住院落只需要在此模式基础之上适应即可。事实证明，这种方法对于经济欠发达的传统村落是行之有效的。

目前，许多地区对于农村住宅的建筑设计，普遍采用设立该地区建筑标准图的方式来指导村落建设，这种方法与传统村落模式调适的方法相比有一定局限性。一方面，传统村落的原型源于漫长历史时期的实践和修正，具有空间行为的调和性，而标准图则来源于个别设计师的统一化设计；另一方面，传统村落具有的风水意识、各类乡规习俗会对原型进行修正，而标准图在实际运用中缺乏专业人员长期参与的适应性修正。

这就要求传统村落的建筑师具有"调和"和"适应"的理念，不再简单地将创造空间的设计绘图当成职业的首要任务，而更加关注如何帮助居住者

---

① 魏成等.传统村落基础设施特征与评价研究[M].北京：中国城市出版社，2017.

实施居住空间原型在日常生活中的“调和”和“适应”。建筑师不仅是设计者和建造者，也是村民的教育者、联络者、引导者，通过对传统村落居住者原有居住模式的认知、改良，帮助村落居住者获得更加专业的服务。这种基于环境行为学、人类学和其他相关领域调查研究之上不断调整的设计理念，将丰富和完善长期以来建筑学专业“设计”的方法，创造出更加富于适应性和支持力的空间环境。

三、参与式规划设计方法

传统村落的大多数建筑很大程度上都包含了使用者参与的因素，明代造园家计成就强调传统住宅园林的品质靠“三分匠人七分主人”。《中华人民共和国城乡规划法》要求村庄规划完成后，报送审批前，必须要经村民会议或者村民代表会议讨论同意。居民参与住宅设计起源于20世纪60年代的西方社会，公众参与设计是让社区有关的各方都参与规划设计决策中来，对于传统村落而言，这些主体包含政府机构成员、专业技术人员、村民和村外社会组织等，公众参与设计的过程也是一种相互教育、沟通、理解的过程。

传统村落的参与式规划设计，主要体现在前期资料收集和评估阶段，村民是主要的资料提供者和参与评估者。在规划设计阶段，村民对规划进行评判并提出修改意见；在规划实施阶段，村民有时候作为实施的主体，有时候亲自参与。在村民的参与过程中，应尽量采用村民可以理解的、通俗易懂的方式。例如，尽可能采用面对面交流或采用模型、效果图、视频资料、实景图片等形式，另外，还可以建立开放式展室、流动式展室等，此外，专题讲座、培训也是村民乐于接受的形式。

专业技术人员在参与规划设计过程中，应尊重当地的风俗习惯和行为模式，虚心向村民学习，理解各方的利益所在。作为参与式规划设计的建筑师，应综合各方意见和利益，充分发挥统筹和沟通作用，事先策划好参与设计的程序和提供可供选择的措施并全程参与。

政府机构扮演的是宏观调控、政策制定传达及督促实施的角色，应进一步完善传统村落的政策、法规和配套标准。社会组织则扮演协调利益相关者、开展技术援助、方案制订、教育培训等角色。

在传统村落规划设计中采用参与式规划设计的方法，既尊重了当地的经济、社会现状，也平衡了各方面的利益。

四、指引性规划设计内容

由于传统村落空间行为所具有的特性，过于具体的设计内容一方面难以适应传统村落的具体情况和变化，另一方面也难以具体实施，因而传统村落的规划设计内容应该具有一定的柔性和宏观指引性。这里结合对传统村落保护发展模式的建议，仍以朱洼村和张店村为例，对《村容整治和村内普通居住院落翻新改造的指导和管理办法》中的具体内容进行探讨。

（一）对居住院落的指引和控制

根据当地情况，研究总结当地长期以来传统院落所采用的居住空间模式，确定院落的长宽比、建筑面积系数等指标。

传统村落居住院落的方位特性是院落的基本特性，关系到相邻院落的关系和院落组合的方式，因而规划设计指引中应明确每一座院落的基本方位。应该确定院落的堂屋朝向和大门朝向这两个因素，控制了院落这两个方位因素，就可以避免出现背靠背这种对双方院落都不利的院落布局，更好地延续村落的传统肌理。

（二）对于堂屋的指引和控制

对于大型多进宅院，包含有的已经被评为各级文物建筑的，对于尚有村民居住的部分，应重点保护好最有价值的堂屋。为便于院落的分割与重组，应允许村民根据实际情况协商，局部改变院墙和开门的位置。

对于新、老建筑结合的院落，改造的着眼点不应局限于卫生间等现代设施的改造，实际上，村民更愿意堂屋的平面能适应现在的生活方式，因此，应允许村民对堂屋的平面空间做一些必要的改动。

对于村民准备整体重建的院落，应允许村民采用新的堂屋平面形式，但鼓励村民使用一些传统的建筑材料和构造，这需要村落周边的企业生产传统的建筑材料供村民选择。

（三）对于院落的指引和控制

传统院落的运转不需要设备系统的维持，利用自然能源，也可对有限的物质资源进行最充分和最适宜的利用。总的来说，规划的指引不能超出农民的经济支付能力。规划指引应根据村落经济发展的实际情况确定不同群体、不同阶段的指引方案，对不同类型的院落进行分类规范指引。

指引应推荐院落空间层次序列的，统一推荐水井的大致位置，应靠近院落临近道路一侧的边缘，便于院落中进行活动，也便于条件成熟后集中安排自来水管道，统一规定厕所的大致位置，便于以后市政排污管道的统一铺设。

（四）对于村落肌理的指引和控制

应特别注重对院落组合方式的规划引导。原则上，老寨区的院落建设应该在原宅基地范围之内进行，应根据院落的方位特性推荐采用适宜的院落组合方式，以保持原有的入户道路形成的空间关系。对于新建村落区域，应制定严格的详细规划，限定院落的组合方式，并通过入户道路设计使新村巷道空间摆脱单调模式。

对于村落肌理被破坏或者荒废的区域，应采取“愈合”的方法来维系传统村落肌理结构，使村落民居与巷道空间保持完整的图底关系。有的荒废院落可以改造为绿化空间，有的可以结合村落配套服务设施的建设要求，改建为与周边环境协调的建筑，新旧建筑的间隙可以以绿化、巷道和活动空间等形式过渡。①

村落肌理应规定新旧建筑的高度控制，从视觉效果出发，确认建筑高度对邻居的影响、待建用地的坡度对建筑高度的影响、现存建筑和新建筑之间在高度上的关系，以保证现存建筑和新建筑之间的高度和谐统一。村落规划也应注意构成院落的一些次要元素，如东西屋、过屋等，这些附属建筑对院

① 徐朝卫.古村落治理的历史变迁与路径选择[M].太原：山西人民出版社，2016.

落的组合也具有很大的影响。规划应限定这些院落附属建筑的体量、材料和形式，以形成丰富连贯的巷道空间。

（五）对于村落公共建筑的指引和控制

对于村落原有的公共建筑，如祠堂、牌楼、庙宇等，无论其现状如何，从其空间形态到遗址都应该保留，使其固定成为村落公共空间的用地场所。对于一些社会性行为延续的传统公共建筑，应与管理者协商确定明确的用地界线、活动边界，以从法规上加以保护。对于改变用途的一些传统公共建筑或遗迹，应协助现有的管理者做好保护修复或传承性重建的规划。[①]

新兴公共建筑的布局应从调查分析入手，通过村民的参与决定公共建筑的布局，布局应保证村民日常生活的需要。要注意新、老村的均衡，应在方便使用的同时顾及维持老村寨的活力，而不能全部偏向新农村区域，新兴公共建筑的形式也应考虑与原有传统公共建筑的呼应关系。

（六）对于村落中心公共空间的指引和控制

指引应明确村落重要的中心公共空间的位置，并制定严格的制度来保持该空间的历史形态和围合特征。划定一定界线作为该空间的保护范围，严格控制该空间范围内的建设行为，并进行周边的空间界面设计。

在制定村落中心公共空间严格保护政策的同时，为了避免对该空间现状行为造成影响，应尽量减少对于该空间的实际建造、改造等干扰活动，对于必须进行的空间维护计划，应通过村民参与设计后实施，以维护该空间对于历史传承的重要意义。

（七）对于村落街道空间的指引和控制

对传统村落的老寨部分应该尽量维持其原有的街巷格局，对于主要街道两侧的空间界面实行控制，并通过推荐临街院落组合方式来改善街道空间界面，保持现有空间界面和行为的延续性。

---

① 何刚.院落组成的传统村落空间与行为[M].南京：东南大学出版社，2018.

沿街建筑的商业开发应综合考虑村落的人口、商业习惯和领域特性，既不能阻止正常的商业活动，也不能因为商业活动而影响传统村落整体的氛围。

（八）对于传统村落的新、旧部分的指引和控制

指引应从规划的高度逐渐缩小传统村落老村落部分和新村落部分的对立，在各项规划上把新老村落作为一个整体来考虑。只有形成一个新老结合的统一社区，才能为老村落部分提供持续的生机。因而，政府应通过公共财政投入统一建设新、老村落的基础设施，统一整治和完善巷道、排污排水、公厕、垃圾处理等设施，改善供电网络系统，结合巷道沟渠治理管线网络等。

（九）对于村落特色的指引和控制

对村落发展差异的分析表明，传统村落本身具有不同的内在“性格”，如不同的领域意识、产业形态等。对村落的总体发展规划，应依据村落的“性格”特点选择适宜的发展方向，对村落空间的规划设计也要符合村落的性格特点。有的内向型村落可以营造神秘安静的空间氛围，而外向型村落的空间组织可以是开放而热闹的，这样，历史文化村落才能具有独特的个性魅力。①

① 何刚.院落组成的传统村落空间与行为[M].南京：东南大学出版社，2018.

第七章

贵州省传统村落景观现状与优化提升策略

贵州省是我国的一个典型传统村落省份，因为地理、自然等因素的影响，形成了各具特色的传统村落。对贵州省传统村落进行保护，需要进行全面的规划与设计，进而实施。本章重点研究贵州省传统村落景观现状与优化提升问题。

第一节　贵州省少数民族村寨概述

一、贵州少数民族村寨的特点

贵州历史文化悠久，早在二十四万年前就有原始人类在贵州这片高原土地上繁衍生息，创建了贵州的史前文化。考古发掘证明，贵州是中国古人类的发祥地之一。在贵州黔西县发现的观音洞文化遗址与北京猿人同时期，是我国长江以南最早、材料最丰富的旧石器时代文化遗址。从已经发掘的旧石器文化来看，贵州在历史的早、中、晚三个时期都有典型代表。

历史上，贵州又是古代华夏、氐羌、苗瑶、百越和濮人五大族系交汇的地方。五大族系长期交往结集的历史，形成了贵州多民族大杂居、小聚居，你中有我、我中有你的分布格局。由于民族分布、地理环境与历史条件不同，特别是喀斯特高原地理环境的封闭性，构成了类型众多、风格迥异的民族特色村寨，出现了“三里不同风、十里不同俗”的文化面貌，使贵州成为民族特色村寨众多、特点最为鲜明的省份。每个民族村寨，由于大山阻隔，都有独特的文化风貌，一个个风格各异的民族特色村寨，就像多个文化孤岛组成了贵州文化千岛的现象。但大杂居小聚居的分布格局，又使它们彼此联系、互不排斥，形成了多姿多彩、共生共荣的民族事象（见图7–1）。

图7–1　贵州集中传统村落

然而，随着工业化、城镇化和农业现代化进程的深入发展，许多民族村寨正在消失、不断地被边缘化。例如，贵阳市花溪河沿岸，过去共有48个布依族村察，如今已经所剩无几。

2009年，国家民委与财政部开始实施少数民族特色村寨保护与发展项目。经过多年努力，贵州有效保护了一批典型的民族特色村寨。从对其中100个最具代表性的民族特色村寨所开展的调研看，这些村寨都有以下几个共同的特点。

（一）自然环境优美

贵州民族特色村寨自然环境优美，生态建筑林立，是人与自然和谐相依、共生共荣的天然佳居。

布依族特色村寨的地理环境都比较优越，其居住地区大多是风景名胜之地，如黄果树、龙宫、花溪、红枫湖、茂兰、樟江、小七孔、大七孔、万峰林、万峰湖、马岭河、双乳峰等。长期以来，黄果树大瀑布的壮美，龙宫的神秘，花溪十里河滩的锦绣，红枫湖的壮丽，茂兰喀斯特的险峻，樟江大小七孔的娟秀，马岭河的壮阔，万峰林的神奇，双乳峰的奇观等，无不给人留下深刻的印象。

雷山县郎德苗寨是最有特色的苗族村寨，是贵州名副其实的民族村寨博物馆，是“中国民间艺术之乡”——全国文物重点保护单位。当地的芦笙舞，板凳舞久享盛名，村寨山清水秀，田园风光，青石小路，吊脚楼依山鳞次栉比。三都水族自治县的水族村寨大多是依山傍水，村寨周围竹林古树环绕，果木葱茏，寨内村脚鱼塘触目皆是。

聚族而居，一村居住十几户、几十户，多则上百户，同血缘的村寨相毗连，多为同一宗族，杂姓聚居者较少。房屋排列纵横交错，多为“干栏”式建筑。板告水寨坐落在苗岭山脉的大山脚下，都柳江旁，全寨六十多户人家，大多数是韦姓，这里被誉为像“凤凰羽毛一样美丽的地方”。

（二）民族古寨众多

贵州民族特色村寨中有为数众多建造于明清时代的少数民族村寨，逐渐形成了贵州最具民族特色的古建筑群落。

镇宁布依族苗族自治县高荡村布依古寨，始建于明代，至今已有1000多年的历史了，全寨300多户，1500多人，均为布依族。古寨保存极富民族特色的民居、古堡、寨门、营盘、石拱桥、古井、学堂、大水沟等古建筑，以及水车、水碾、铜鼓坪等文物古迹。兴义南龙布依古寨也始建于明代，古寨位于兴义市巴结镇万峰湖畔，田畴纵横，古榕参天，郁郁葱葱，是一个美丽迷人的布依古寨（见图7-2）。

图7-2　贵州侗寨

每逢民族节日或重大活动或有贵客远来，南龙村民男女老少都在寨门列队、八音齐奏、长号长鸣。古寨的山水、树木、楼居，以及布依人的农耕生活组合成了一幅美丽天然的水彩画，向世人展示着其独有的神秘和魅力，呈现出一派安静、祥和，人与自然和谐相处的景象。

（三）建设因地制宜

虽然大多数村寨都是依山就势，自然成局，但有的村寨人为的规划特点也很突出。例如，黔西市钟山镇布依族彝族镇猫山村八卦布依族古寨，整个寨子的空间是按照五行八卦来进行布局的。现有的两百多户人家，仍有一百多户老房子，整个村寨的基本布局保存完好，建筑构造具有强烈的军事色彩。全寨房屋连片构筑，没有孤零的人家。寨子内部石巷道相互连接，纵横交错，家家相通，户户相连，形成“点、线、面”结合的防御体系。每户人家的外墙相互连接，形成自然的巷子，砌巷子的石头采用干砌法，没有使用任何黏合剂，排列有序，其中暗藏的指向符号，只有本寨人知道。过去，如果没有本寨人的引领，外人是无法自由出入寨子的。

整村整寨不见一砖一瓦，房屋四周用石块砌墙，石块奠基，石板砌墙，石片盖顶。就连生活用具也多为石头制作，如碓、磨、钵、槽、缸也全是用石做成，室内间隔也以石砌成。石屋一般依山而建，沿着山坡自下而上，层层叠叠，布局井然有序。有的石屋房门朝向一致，一排排并列；有的组成院落，纵横交错；有的石屋有石砌围墙，有石拱门进出。寨边竹林、树下安置着石凳、石椅与石桌，可供休憩、娱乐。布依族石头寨的典型特色，以致使人们误以为布依族民居就只是石板房。

（四）民居风格各异

各民族也因所居住地域环境不同，民居风格各异。例如，苗族多居住在山区，山高林密，就地取材修筑民居，黄土墙黑瓦房和古香古色的吊脚楼便成为苗族民居的主要式样和风格。

苗家的吊脚楼飞檐翘角，三面有走廊，悬出木质栏杆。吊脚楼通常分两层，上下铺楼板，壁板油漆发光。栏杆雕有万字格、喜字格、亚字格等象征吉祥如意的图案。悬柱有八棱形、四方形、下垂底端、常雕绣球、金瓜等形体。楼上择通风向阳处开窗。窗棂花形千姿百态，有双凤朝阳，喜鹊闹海、狮子滚球等。铜仁市石阡县的楼上古寨，整个古寨的布局呈现一个“斗”字，风格奇特。全寨住户有150多户人家，547人，均为侗族。

古寨以“北斗七星”古枫为中心，划分为四个不同功能的分区。其东南象限为生产区，西南象限为居住区，西北象限为娱乐区，东北象限为墓葬区。村寨道路的构造像一个古体的“斗”，“斗”字的起点是一幢三合院的中心点，结束点为寨子的水源天福寺古井。全村的天然雨水和生活用水，顺着

"斗"字形的水沟汇入廖贤河，注入乌江。这样的布局，既有利于取水，又有利于防火。

（五）建造工艺精湛

贵州省民族特色村寨大都林立着许多巧夺天工的生态建筑，特别是保存较完好的民族古寨。例如，石板房很讲究装饰，装饰的花样很多，一般多用于基础、墙体、阶梯、院坝、晒壁、门窗、石凳、屋面等，雕刻出各种装饰图案、线条，每个图案和线条符号，都具有一定的象征意义。有的寓意福禄吉祥，有的寓意家族兴旺发达。石板房的地基和墙体使用的黏合剂，一般都用石灰浆，重要部分用糯米或猕猴桃的藤根水制作成的黏合剂，这在贵州省建筑史上是一种特殊而又历史悠久的民族传统技术工艺。

黎平县肇兴堂安侗寨，是最有代表性的侗族特色村寨，为典型的溪洞人家。堂安侗寨形成于明初，全寨共160余户，800多人。村寨三面环山，一面是空旷的梯田，视野开阔。

寨中通道均为青石板路面，四通八达，径曲通幽。全寨共有九条出寨子的路口，都建有寨门。寨子中的附属设施，如谷仓、禾晾、石碓榨油房、水碾、井亭、鱼塘、祭萨塘等建筑物古朴典雅，都具有侗族的独特文化个性。赛子中间还有一块墓地，有坟十余座，多为清代所建，雕龙刻凤，卷草花纹等工艺精美，是堂安侗族文化遗产的另一种体现。村寨的每个角落，都蕴藏着深厚的侗族文化内涵。鼓楼与戏楼、歌坪形成三位一体，显示出侗族村寨的突出特征，是侗族建筑中最具特色的民间建筑之一。鼓楼、风雨桥等标志性建筑，做工精湛，结构严谨，端庄典丽，雄伟壮观，技艺精湛。

鼓楼是侗乡的一大奇观，堪称中华民族建筑文化的一朵奇葩。亭、廊、阁、栏的处理独具匠心，既注重桥梁的整体性，又注重满足行人过桥、休息、乘凉、眺望等功能的要求。每座风雨桥都既有飞龙腾空之势，又喻风调雨顺、国泰民安之意。鼓楼、风雨桥，这种不用一钉一铆的建筑充分体现了侗族人民的智慧。

二、对贵州少数民族村寨文化保护与发展的思考

保护与发展是贵州少数民族村寨文化在现实层面上面临的两大难题。要解决这两大难题，在观念上必须要在对少数民族村寨文化的基本特性进行调研论证，对少数民族村寨文化价值进行理性判断，只有这样，才能从根本上解决保护什么和如何发展的方向性问题。

对贵州少数民族村寨文化构成的详细论证，是思考少数民族村寨文化保护与发展的前提与基础。只有对少数民族村寨的文化构成有一个全面而深刻的认识，才能明确我们应该保护什么。贵州少数民族村寨文化是一个互相关联的有机构成，村民及其生产和生活方式、有形的物质文化、无形的精神文化以及村寨所依托的自然环境是村寨文化的几大构成要素，各构成要素之间相互作用、相互影响。如果将它们的有机性相互割裂，将无法从整体上把握村寨文化。少数民族村寨文化是有形的物质文化与无形的精神文化的统一，保护与发展不能只见物质文化而忽视精神文化，不能只顾局部而不顾整体。

在村寨文化的保护和发展实践中，有形的物质文化往往容易得到较好的保护，如建筑、服饰等，但是，无形的精神文化，如尊老爱幼的文化传统、互帮互助的传统美德、与自然和谐共生的文化智慧、独特的审美理念等往往容易被忽略。村寨文化构成的核心——村民们往往也在村寨文化的保护实践中被忽略。虽然一些保护项目也注意了对村民的保护，但仅仅是对掌握了一些传统技艺的村民的手工技艺的保护，而对如何传承民族独特的文化理念却重视不够，因此，对无形的精神文化的忽略导致一些有形的文化形式因缺乏民族文化精神与文化主张的滋养成为无源之水，不能保护了文化的载体，而忽略了文化本身，使村寨文化保护缺乏可持续性。

缺乏对少数民族村寨文化构成的有机把握，会导致少数民族村寨文化保护与发展实践目标定位上的片面性、项目推进的无序性甚至会出现事与愿违的破坏性。一些少数民族村寨的保护与发展的乱象，如城镇化过程中对村寨传统社区的破坏性建设、现代化过程中传统美德的迅速流失、旅游目的地注重社区有形文化的保护忽略无形文化的保护，村寨保护忽略了对自然生态的考虑等，都无形中削弱了少数民族村寨文化的独特魅力，破坏了少数民族村寨文化的传承和良性发展，导致一些有着巨大文化价值和经济价值的少数民

族村寨，传统社区经济、社会和文化发展昙花一现，使可持续发展面临着巨大的威胁（见图7-3）。

图7-3　贵州隆里古城

因此，贵州少数民族村寨文化的保护与发展需要放在整体的视野之下，遵循村寨文化发展的文化逻辑，避免用片面的、局部的、静止的、表象的方式去思考村寨文化的保护与发展。为此，应从以下几个方面处理好各构成要素之间的有机联系：第一，村寨文化与民族历史文化的相关性；第二，村寨文化与自然生态的相关性；第三，村寨文化与人及其生产生活方式的相关性；第四，村寨文化与有形物质文化的相关性；第五，村寨文化与无形文化的相关性。

当前打工潮将许多民族村寨变成了“空巢”，如何恢复这些村寨的活力？这是许多非旅游目的地的民族村寨保护与发展必须面对的新问题。当游客们成为传统乡村社区活动的主体，如何保护和发展传统的村寨文化？这是许多旅游目的地必须思考的问题。村寨的功能在当今有什么变化？乡村文化的功能是否已经发生了转变？乡村的功能与乡村文化功能的变化能否给予我们对乡村发展中更为广阔的思考空间？这些问题，都是我们在村寨文化的保护与发展的过程中必须要充分考虑的。只有这些问题得到了解决，才能客观真实地找寻到保护与发展的文化逻辑。

第二节 贵州省传统村落的保护与发展

贵州省传统村落入选住建部名册的共724个，涉及9个市、州。其中以黔东南、黔南、铜仁三个市、州的数量最多，贵阳、六盘水、毕节最少。从地理位置和民族分布情况来分析，贵州省的传统村落主要分布在偏远的少数民族地区，如黔东南州传统村落大多分布在黎平、从江、榕江、雷山、台江等苗族侗族偏远的村寨；黔南州主要分布在荔波、三都等布依族、水族偏僻的山区；铜仁市的传统村落主要分布在石阡、江口、思南等少数民族地区。

下面将以贵州省黔东南州台江县为例探讨贵州省传统村落的保护与发展情况。

一、贵州传统村落现状

传统村落所在州、市、县大多都是贵州省传统上的偏远少数民族地区，由于历史原因以及交通闭塞，使得处于山区的民族村寨少受城镇和外来文化的冲击。

但近十几年来，这种景象已发生了巨大的变化，原来“木楼青瓦石板路、小溪梯田放牛郎”的景象已不复存在，映入眼帘的是砖房林立，水泥巷道、高架桥横贯的场景（见图7-4）。

图7-4　贵州西江苗寨

原来村民以务农为主，人们过着男耕女织、自给自足的生活，现在，由于生活和交通的改善，村落的生活发生了翻天覆地的变化，人们的生活方式也由悠闲的田园式生活转变成一切以经济发展为主的生活。从文化表象上看，导致民族文化变迁，传统娱乐方式被电视、电脑、手机娱乐所代替，聚集人心的传统节日消失、传统礼俗简化。村落中不断涌现出由新材料建成的小楼房，这直接导致传统工艺建筑工匠减少甚至断代和失传。

二、贵州省黔东南州台江县传统村落概况

（一）台江县传统村落特征分析

1. 村落选址特征分析

台江县苗寨是民族文化和自然环境共同作用的产物，它受制于一定的时代、环境并作为一种特殊形态表现出来，在客观现实中存在，但这种存在并不是随意和混乱的堆积，而是具有一定组织、结构的。因此，无论是从村寨

选址还是村落空间布局，均体现了与自然和谐共生的理念。整个建筑群体轮廓与山体自然协调，建筑用材采用与地貌一致的材料，在肌理和色彩上顺应地形地貌特征。

2. 传统文化特质分析

台江县苗族传统文化内涵博大精深，文化积淀悠久厚重，主要包括四大部分，一是口碑文学及其唱腔艺术，大多以曲调丰富多彩的吟唱方式流传，有古歌、理歌理词、嘎百福歌、苦歌、反歌、祭祀歌、酒歌、情歌等，卷帙浩繁；二是民间舞蹈，台江县苗族民间舞蹈主要以“三鼓一笙”（木鼓、皮鼓、铜鼓、芦笙）为伴奏的舞蹈，其中以反排木鼓舞最为出名；三是服饰艺术，台江苗族服饰有9个类别几十种款式，是苗族服饰最丰富和最漂亮的地区；四是节日景观，台江的苗族民间节日，大多是集中表现苗族人民宗教信仰、伦理道德、文化艺术和各种社会关系、情感交流方式的盛会，除十三年一回的祭祀大典外，一年一度的节日几乎月月都有，习俗和意义各有不同。尤为姊妹节、独木龙舟节、苗年节、二月敬桥节、呼新节等最为隆重热闹（见图7-5）。

图7-5　贵州黔东南苗寨

（二）台江县传统村落保护现状

台江县现有67个行政村，在已公布的三批中国传统村落名录名单中，台江县共有36个村入选，占了全县村落总数一半。入选的36个传统村落作为台江县现存最为完整、最具地域特色的古村落，是台江县传统村落文化的精髓，是台江苗族文化的主要承载地，为台江县传统历史文化的保存带来了极大的机遇。但从对这些入选的传统村落现状调研中发现，传统村落保护仍未得到足够的重视，面临着极大的挑战。

首先，城镇化、现代化速度的不断加快，大量农村人口进城务工，不少传统村落逐渐变得“老龄化”“空巢化”，村落传统文化趋于边缘化，其传统价值观受到严重挑战。

其次，台江传统村落建筑以木结构为主，村落建设密集，建筑连片建设，一旦发生火灾，火势蔓延迅速，容易引发“火烧连营”现象，造成毁灭性的灾难。2013年台江县方召乡巫梭村的一场火灾，为台江县传统村落保护敲响警钟。正因为传统建筑防火压力大，部分传统村落已逐渐抛弃传统木结构建筑，开始采用防火性能更好的砖石混凝土材料建造，传统建筑风貌受到了冲击。

（三）台江县传统村落保护发展的思考

目前，传统村落迫切需要抢救性保护，坚持把保护放在首位，在不对传统村落造成破坏的前提下适度开发，以提高村民生活水平，形成“保护中开发，开发中保护”的良性循环。

1. 强调对传统村落整体格局的保护

苗族村寨多选址于高山地区，素有“高山苗”之称。所以，“依山而寨，择险而居”是苗族村寨一个很重要的特点，强调“背靠大山，正面开阔”“水源方便，可避山洪”“地势险要，有土可耕”。同时，受到汉文化风水术的影响，苗族人在生活的许多方面都讲究风水。所以，村落的择址一般都讲究“背有靠山，前有向山；依山而川，负阴抱阳；有利生产，方便生活”。

由此可见，苗族传统村落的存在与周边山、水等自然环境要素是密不可分的，对传统村落的保护除应保护村内具有历史价值的有形和无形文化遗产外，还应加强对传统村落迁移历史、村落选址特征等的分析，对传统村落所赖以存在的自然山体、河流水系、农业景观等环境要素进行整体保护，在维护传统村落原生态环境的同时，维持传统村落原有的村落特色。

2. 加强对传统村落肌理及传统建筑的保护

台江县苗寨传统村落街巷空间布局自由，顺应自然环境，巷道弯弯曲曲，极不规则，呈树枝状散布，随地形上下左右自如延伸，而且联系方便，曲折自如的变化形成了寨内外各种丰富生动的山寨景观。因此，在保护传统村落时应维护原有街巷肌理，恢复原有石板路面或自然石头、卵块石路面等传统街巷材质；对于新建或扩建建筑应延续原有空间肌理，不得对原有空间肌理造成破坏。

此外，传统建筑作为苗族传统村落重要的物质载体，应加大对村内现存传统建筑的摸查建档，为后续的传统建筑保护提供翔实基础资料，对于具有较大历史保护价值的建筑，要加强历史文物保护单位的申报工作，争取将其纳入历史文物范畴进行保护；对于一般的传统民居建筑，则由政府派出专门技术人员，并安排一定的维护资金，鼓励村民自行维护；非传统民居，要加强建筑外立面整治，使其与传统建筑风貌保持协调；新建或改建民居，则应采用传统建筑材料按照传统建筑构造模式进行建造。

3. 加强对传统村落文化的挖掘和传承

传统村落文化的价值不仅仅体现在古建筑上，更体现于原住民的生产生活方式、风俗习惯、精神信仰、道德观念等物质与非物质文化的丰富“活态”之中。因此，我们在传统村落的保护中不能仅仅保护其看得见的物质文化，更应该保护好苗族先民所创造的丰富的非物质文化遗产。

目前，台江县已逐渐认识到了非物质文化的重要性，加大了对地方特色文化的宣传力度，特别是一年一度的台江姊妹节、台江苗族文化论坛等民俗活动，已取得较大的成效，极大地提升了台江县苗族文化的对外影响力。但这些活动更多的是县级层面的活动，而传统村落自身文化仍受到外来文化的不断侵蚀。

因此，保护传统村落，就要深入挖掘各传统村落自身的文化特色、生活习俗、历史文化，把传统村落的建筑保护与其他物质与非物质文化保护有机结合起来，把传统村落保护与新农村建设有机结合起来，形成传统村落的文化、人、自然环境都“活”起来的全新保护格局，让传统村落文化以鲜活的形式重返广大农村舞台。

4. 加强对传统村落消防安全防治

苗族传统村落建筑以木结构为主，建筑密集，部分传统村落建于山坡上，坡度较大，消防车难以进入，消防压力大，一旦发生火灾，后果不堪设想。因此，要更好地保护好苗族传统村落不受到灾难性破坏，加强消防安全是关键。要加强消防设施建设，加强高位水池、给水管道及消防栓网络的建设，确保消防用水的安全性；对村内消防塘或消防水池进行严格保护，禁止对现有的消防水塘或消防池进行填埋；严格控制旧村内部建设，不允许在旧村内部新增住宅建设，对于改建建筑要严格限定于原宅基地地块内建设；挖掘村内空闲地、低效利用地，建设永久性开放空间，疏解旧村密度；加强对村民消防安全知识和消防意识的培训。

5. 加快对村落旅游业的发展

传统村落的保护是为了村庄更好地发展，而村庄的发展反过来也会促进传统村落的保护。如果只是为了保护而保护，村民生活水平没有提高，容易打击村民对村落保护的积极性。因此，在强调传统村落保护的同时，要加快传统村落的发展，特别是村落旅游业的发展。传统村落应突出自身特色，找准自身发展定位，与周边传统村落联合错位发展。

但发展不意味着可以无限制地发展，任何传统村落均有一定的承载能力，超过自身承载能力，就会对传统村落造成不可挽回的破坏，因此，要防止对传统村落的过度开发。应建立权威的传统村落管理体制，依据完善的保护规划，在保护培育的前提下，对现存传统村落及其文化资源进行有限、有效的开发利用。

第三节 贵州省传统村落景观优化的提升策略

在世界经济一体化、政治多极化、文化多元化的大背景下，民族特色村寨的发展逐渐进入人们的视野，关注度越来越高，发展越来越受到重视，并且上升到了国家发展的层面。

2009年，国家民委与财政部启动少数民族特色村寨保护与发展试点工作。2012年1月，国务院下发了国发（2012）2号文件，明确提出在黔东南自治州创建“民族团结进步发展繁荣示范区”和“文化旅游创新区”的目标。

民族特色村寨是传承各民族文化的有效载体，是我国重要的民族文化旅游资源。目前，越来越多的民族地区认识到了民族特色村寨的旅游价值，寄希望于民族特色村寨旅游开发来促进民族地区经济社会的发展，纷纷挤进这条发展大路。党的十八大以后，黔东南苗族侗族自治州确定了“工业强州、城镇带州、旅游活州”三大战略，坚持把民族文化旅游作为支柱产业来发展，成功打造了西江千户苗寨、肇兴侗寨、小黄侗寨、芭莎苗寨等一批民族文化旅游特色村寨，给当地的各族群众带来了实惠，增加了收入，也使少数民族群众的思想意识和生活理念发生了明显的变化。然而，我们也要看到蓬勃发展的黔东南民族特色村寨旅游正步入一个“瓶颈”期，正面临着许多问题，针对这些问题进行理性地研究和深入地探讨，可为目前的民族特色村寨旅游发展提供借鉴。本节将以贵州省黔东南州民族特色村寨的旅游发展为例探讨贵州省传统村落景观的提升策略。

一、黔东南的民族特色村寨

（一）黔东南民族特色村寨概况

什么样的村寨是民族特色村寨呢？在国家民委印发的《少数民族特色村寨保护与发展规划纲要（2011—2015年）》中对此作了定义：少数民族特色

村寨是指少数民族人口相对聚居且比例较高，生产生活功能较为完备，少数民族文化特征及其聚落特征明显的自然村或行政村。

黔东南是一个以苗族和侗族为主体民族的自治州，苗族和侗族村寨不仅数量多，而且特征鲜明，文化突出，活态存在。苗族“依山而住，聚族而居”，村寨大多建在山腰斜坡地带，以依山而建的干栏式半吊脚木楼为其建筑特点，以“美人靠”建筑风格区别于其他民族，体现了苗族人民朴素的人与自然和谐相处的理念和独特的审美情趣。黔东南100户以上的苗族村寨极为普遍，500户的也不足为奇，甚或还有1000户以上的苗寨。苗寨里，2～3层的吊脚木楼鳞次栉比，楼上为人居，楼下为畜圈，村寨中的小路在屋檐下盘旋迂回。村寨周围皆栽有枫树，传说苗族的先祖与世间的万物皆由枫树而生，枫树被尊为“妈妈树”“保寨树”，也是风景树。村寨里有用于祭祀的芦笙坪、用于娱乐的斗牛场、用于交际恋爱的“游方坡”。

一个苗寨完全就是一个功能齐全的社区，并且各具特色，有以大著称的千户苗寨西江，有国家级“苗族文化生态博物馆”的郎德上寨，有“苗族农民画之乡”的铜鼓苗寨、温泉大寨，有以“树葬”为维系生态平衡的亘古不变理念的邑沙，有以自然宗教和人文宗教“和平共处”的“祖先与上帝同在”的南花苗寨，有被誉为“东方迪斯科”的苗族木鼓舞的反排村，有国家级非物质文化遗产锦鸡舞的故乡麻鸟村等，数不胜数。黔东南苗族物质文化形态完整，内容丰富，特点鲜明，无论是直接的以物质形态出现的梯田、建筑、劳动工具、食品等生产和生活资料，还是物化的由物质文化派生的服饰以及生产生活习俗等间接的物质文化都是苗族历史的产物，都有鲜明的苗族标签。苗族的物质文化、精神文化、制度文化构成了黔东南苗族文化的统一整体，存在于苗族的村村寨寨，构成了苗族生态文化的多彩画卷。

黔东南是全国侗族的最大聚居地，侗族人民“聚族为寨，傍水而居”，在这里繁衍生息、代代相传，形成了别具一格的侗族文化，建起了一处处鲜明特点的侗族村寨。鼓楼、花桥和杆栏式全吊脚楼是黔东南侗寨的标志，小溪穿寨而过，吊脚楼房鳞次栉比，戏楼、禾晾、谷仓错落有致。这种格局既体现了山区水乡的韵味，也体现了侗族人民特有的和谐观和审美观。这里有最大侗寨的肇兴，有侗歌之乡的小黄、有“自古控制人口增长文化第一村”的占里，有侗族家喻户晓的爱情故事主角“珠郎娘美”故乡的三宝，有中国和挪威王国共建的“侗族生态博物馆”的堂安，有优美动听琵琶歌的晚寨等。这些侗族村寨保存着活态的文化，拥有完好的吊脚楼、鼓楼、戏楼、谷仓、祭祀堂等建筑，抬官人、行歌坐月、为顶为嗨、摔跤比勇等侗族传统习俗仍然流行，特别是享有“天籁之音”美誉的侗族大歌萦绕在侗族的村村寨寨。

黔东南也是一个多民族聚居的自治州，少数民族人口比例相当高。其中少数民族人口占81.9%，有苗族、侗族、水族、布依族、土家族、畲族、仡佬族、壮族、瑶族9个世居少数民族，原生态民族文化十分丰富，民族文化多样性最为突出，少数民族村寨遍布全州，可谓“处处风光，寨寨风景”。据黔东南州消防部门的统计，全州50户以上自然寨有3452个，100户以上自然寨有1288个。黔东南各民族聚居的大小村寨各具特色，绝大多数是以木质结构建筑为主，集民族原生文化、自然生态、历史遗存为一体，被誉为“世界上最大的民族博物馆”，成为各民族文化展示的窗口，民族特色村寨是黔东南民族文化旅游开发一个重要资源。黔东南自治州把“旅游活州”作为全州经济社会发展战略之一，早在2005年，就以文件形式正式公布了黔东南州100个民族民间文化村寨名单。这100个民族文化村寨几乎都是标准的民族特色村寨，其中有21个民族村寨进入“世界文化遗产预备名单”。事实上，这100个民族民间文化村寨已进入政府发展民族文化旅游的规划盘子，成为优先开发民族文化旅游之地。

（二）黔东南民族特色村寨的内容及特点

1. 主要内容

民族特色村寨是民族历史文化的缩影，是民族人文精神、劳动智慧、审美心理的集中体现，其特色内容表现为“物质形式”和“非物质形式”。所谓物质形式，是村寨的特色是以物质形态表现出来的形式，即看得见的“景观”，包括自然状态下的风景林、小溪、菜园、梯田，包括村民日常生活中的劳动工具、生活用具、乡间道路、民居建筑、古墓，也包括村寨内的具有历史、艺术、科学价值的其他建筑物、构筑物等；而非物质形式却是具有文化意义的内容，包括了各种生产习俗、生活习俗、人生礼俗、岁时节令、节日集会以及习惯等，包括了村寨里的各种文学艺术形式，比如，民间文学、音乐、舞蹈、曲艺、戏剧、美术、手工技艺等。当然，还包括传统竞技类，甚至民族民间文化空间等等。以“物质形式”为主要特征的村寨往往也包含了非物质文化表现形式的内容，只是有些村寨在非物质文化形式的内容上表现更为显著。蕴藏在黔东南少数民族特色村寨深处的最负盛名的非物质文化表现形式有侗族大歌、苗族古歌、苗族飞歌、苗族多声部情歌、侗族琵琶歌、侗戏、畲族粑糟舞、苗族鼓藏节、水族端节、瑶族盘王节、鼓楼建造工艺、吊脚楼建造技艺、芦笙制作技艺、银饰制作技艺等（见图7–6）。

图7–6　贵州西江千户苗寨

从民族特色村寨的内容上看，黔东南的民族特色村寨大约可以划分为11种类型：一是以自然景观为主要特征的特色村寨，如榕江三宝侗寨的古榕群，丹寨高要村的梯田；二是以村寨历史景观为特色，如凯里季刀下寨的古村道和古粮仓；三是以民间手工艺品为特色的村寨，比如以蜡染制作为特色的丹寨排莫村、以鸟笼制作为特色的丹寨卡拉村，以芦笙制作为特色的雷山排卡村、凯里新光村，以银饰制作技艺为特色的雷山控拜村、麻料村；四是以独特的服饰为主要特征的村寨，比如苗族“百鸟衣”的榕江摆贝村、苗族“超短裙”的榕江空申村；五是以节日文化为主要特征的民族特色村寨，如侗族三月三讨葱节的镇远报京村，苗族芦笙会的黄平谷陇村，苗族二月二敬桥节的三穗寨头村，姊妹节的台江芳寨、偏寨村和剑河革东村等；六是以民族建筑特色为特征，如侗族鼓楼的从江增冲村、高增村；七是以某种独特的民族文化事象为特征，如自古计划生育的从江占里村，以“树葬”回归自然的从江芭莎村，习惯瑶浴的从江潘里寨；八是以民族民间歌舞为特色的村寨，如侗族大歌的从江小黄村，跳苗族木鼓舞的台江反排村、传承苗族多声部情歌的台江方召村，唱侗族琵琶歌的榕江晚寨；九是以民间传统竞技为特征的村寨，如喜爱侗族摔跤运动的黎平四寨村，苗族龙舟竞渡起始地的施秉平寨村；十是以宗祠、文书契约、古遗址等为主要特征的村寨，如侗族宗祠文化的天柱三门塘村，拥有清民文书契约的锦屏文斗村，古遗址的岑巩中木召村；十一是以物质和非物质文化综合较好的村寨，如雷山西江苗寨、上郎德苗寨，黎平肇兴侗寨等。

2. 主要特点

黔东南民族特色村寨各具特色，但都具有相当明显的共同特点，即“人文性”、“活态性”、“承传性”和“发展性”。

人以群居，村寨是人们共同聚居的地域范围，是“人”生活的场所，是存放劳动收获的场所，村寨的所有文化都与人们的生产生活息息相关，可以说是彻彻底底的“人文文化”，所以“人文性”是民族村寨的第一大特点；所谓“活态性”即活的状态，是指村寨的特色文化依然是村民的现实生活，这是黔东南民族特色村寨的第二特征，也是旅游开发中最有价值的一面。村民世代居住，繁衍子孙，完全在一种“活态”的文化空间里生产和生活，他们一方面要“遵循”传承了千百年的“规约”来规范自己的言行，另一方面要用自己的言行来维持这种“规范”的“延续”，进而实现村寨文化特征的“延续”；人是文化的创造者和传播者，村寨所有文化形态都要靠居住在区域内的村民世代传承，使其文化得以继承与延续。

实际上，村民是在一种“活态”的文化空间里生产和生活的，通过“言传身教”“口传心授”将“遵循”已经传承了千百年的传统“规约”向下一代做出“示范”，这就是文化的“承传”，民族村寨就是靠这样的机制来维持传统“规范”的“延续”进而实现村寨文化特征的“延续”，这就是传承性；民族特色村寨不可能从建寨起就有完整的文化形态，更不可能亘古不变，发展性是民族特色村寨的又一特点。事物是发展的，文化是发展的，社会也是发展的，民族村寨当然是发展的，这是村寨里每一个人的生活需要和必然趋势（见图7–7）。

图7–7　贵州西江千户苗寨

二、黔东南州民族特色村寨旅游发展状况

（一）欣欣向荣的民族特色村寨旅游

黔东南州于20世纪八九十年代开始发展以民族村寨为支撑点的民族文化旅游，30多年来，从交通条件相对较好的雷山郎德、凯里青曼、镇远报京等

几个民族特色村寨起步发展到现在对上百个民族村寨的旅游规划，可以说已初显成效，并成为贵州民族旅游发展的重头戏。早在2004年，贵州省就完成了《贵州省旅游发展总体规划》的制定，特别把乡村旅游作为一个重要项目进行规划。

在《贵州省旅游发展总体规划》制定时就把全省150个民族村寨列入了旅游发展名单，并按旅游潜力从高到低划分为A、B、C、D、E 5个等级，其中A级19个，黔东南就有15个，占全省A级总数的78.9%，B级51个，黔东南就有21个，占全省B级总数的42%。可见黔东南民族特色村寨已成为贵州省重要的旅游资源，发展民族特色村寨旅游是促进黔东南州经济社会发展的重要手段，已成为当前新农村建设和农民增收致富的一项重要产业。

从2000年到2011年，全州乡村民居接待户从500余户发展到2000多户，乡村旅馆从60余户发展到6452户，乡村手工艺作坊从390余户发展到5631户，旅游运输从业户从10余户发展到226户，全州近百个开展民族文化旅游的村寨中，旅游直接从业人员有8.31万人，民族村寨旅游实现了脱贫致富。

（二）发展中存在的问题

黔东南20来年的民族文化旅游实践是以各民族的自然生态和文化生态环境为旅游资源，包括田园景观、村落景观、建筑景观、农耕文化景观和民俗文化景观。事实上，这些优质的旅游资源都依附在民族村寨之中，只是在某一村寨表现突出即作为该村的特色。随着千户苗寨西江的开发，巴拉河乡村旅游示范带的发展，环雷公山苗族文化旅游的规划，乃至侗族地区的肇兴、小黄、占里、三宝、大利等村寨的民族文化旅游开发，呈现出了欣欣向荣的景象，但发展中也存在许多问题，影响了民族特色村寨向更深更高的发展。

1. 深层次挖掘不足，导致开发粗糙

黔东南的民族文化旅游，实际就是以黔东南的乡野村庄风光和民族文化为吸引物，以民族特色村寨为旅游活动场所，把游客作为旅游发展的目标市场。一方面，为来自不同地域的民众提供观赏、体验、考察和学习“异质文化”的机会，另一方面，又提供给这些游人娱乐、购物、休闲、度假场所，也就是说，民族文化旅游不同于传统的“走马观光”式旅游，而是需要通过在民族村寨这个场所，采用“参与”的方式来“体验”民族文化的魅力，来“感悟”民族文化的博大精深。这种形式的旅游在为游客提供新的休闲产品的同时，还对促进黔东南农业产业结构调整、增加农民收入、维护农村社会经济可持续发展具有重要意义，是推动广大农民奔小康的重要途径（见图7-8）。

图7-8　贵州西江千户苗寨

但在现实的开发中，对民族村寨的文化挖掘不足，开发处在简单的表象上，显得粗糙。以雷山郎德上寨为例，自然生态和文化生态为郎德上寨旅游发展的外延，独具特色的苗族文化则为旅游发展的内涵，村民为旅游的经营主体，“表演”和“展示”博大精深的苗族文化是他们发展旅游的主要手段，使“住农家屋、吃农家饭、干农家活、享农家乐”成为发展旅游的载体，而那些远道而来“感悟”和“体验”“异质文化”的游客通过积极参与苗族的衣、食、住、行、劳、娱、祭、信（信仰）等活动事项来“体验”和“感悟”苗族文化，从而实现旅游者增长知识、陶冶情趣的旅游目的。

但从郎德上寨民族文化旅游基本框架“苗族迎宾礼仪—苗族服饰展示—苗族歌舞表演—农家乐”的现实来看，却是一种“被动”的民族文化“展示”方式，除“苗族迎宾礼仪”和“苗族服饰展示”属于该村独特文化外，“苗族歌舞表演”却是一个集全州各地苗族歌舞的“大杂烩”，既有台江县的反排木鼓舞，又有丹寨锦鸡舞和芒筒芦笙舞，经过简单的粗糙的拼凑组合而成，从形式上看很热闹，并且在民族村寨旅游发展的早期也取得了一些效果，但实际生命力并不强，缺乏深度，缺乏竞争力。

20世纪90年代末，在巴拉河边的南花村兴起了旅游，南花村完全采用了这个框架，并且，他们有一个比郎德上寨好的条件就是离凯里近，自然就截住了郎德上寨客源，并且火爆了近10年。随着2007年西江千户苗寨的打造，更多的客源被分流而去，郎德上寨和南花村就变得越来越清静了。这种粗糙开发就是郎德上寨旅游发展的“硬伤”，当然也是黔东南民族特色村寨旅游发展的通病。

2. 同质化开发现象严重，抑制旅游发展

黔东南州民族特色村寨开发存在的最大问题是同质化开发现象严重。以苗族民族文化村寨开发为例，在对苗族歌舞的展示上几乎都是相同的，基本都是以台江县的反排木鼓舞、丹寨的锦鸡舞和芒筒芦笙舞、凯里苗族的讨花带芦笙舞、雷公山地区的苗族飞歌拼凑组成，南花村甚至还把其他民族的“竹竿舞”也生拉活扯地融入苗族歌舞之中表演。这样做带来的最大恶果就是游客到了南花村就等于到了黔东南所有的苗族地区，就提不起再到其他苗族村寨去“感悟”和“体验”的兴趣。不仅苗族地区是这样，侗族地区同样也存在这样的问题（见图7–9）。

游客在榕树江的三宝侗寨观看了侗族青年男女的“行歌坐月”场景剧，来到侗族另一支系聚居的小黄寨可能还是看到相同的表演。试想，1个旅游者在相距近200公里的两个村寨获得同一种文化的认识，他的感受会是什么？由他的感受带来的宣传效应又将如何？造成民族村寨开发严重同质化的原因是多方面的：一是与黔东南旅游发展的整体规划和具体策划有关；二是与黔东南各县市急功近利，企图“打造”自己的“文化品牌”有关；三是与不同行政管理部门的职能导致对民族村寨的保护与开发的矛盾有关；四是与民族文化旅游主管部门人员素质有关，更与学界的理论研究与民族村寨开发的实践脱节有关。

图7-9 苗寨风光

3. 注重外在形式开发，忽视特色内容，旅游发展的后劲不足

黔东南民族村寨旅游发展基本属于粗放型，可以说处于一种初级发展阶段，存在只注重外在形式的开发，反而忽视了特色内容。在旅游开发的过程中缺乏对特色内容的深入挖掘，致使民族村寨旅游发展的后劲不足，这又是黔东南民族村寨旅游开发的又一大"硬伤"。比如村寨旅游发展中最常见的"农家乐"经营就是注重外在形式的典型，表现形式十分呆板，无论是经营理念，还是经营方式，甚至菜肴品种都基本是照搬照套，缺乏本民族特色，缺乏本村特色。巴拉河乡村旅游示范带上的南花村旅游开发始于1997年，不到800人的南花村在2004年旅游发展收入就达120万元，2010年旅游接待人数13.31万人次，实现旅游综合收入1300余万元，带动40余户农户从事旅游行业，其中"农家乐"经营户就有20多户。

南花苗寨比郎德上寨的开发晚了10多年，"农家乐"的经营理念、经营方式乃至菜肴品种几乎都是从郎德上寨照搬过来的，雷同化倾向十分严重，旅游发展后劲不足。南花村的"农家乐"开发只注重"形式"而忽视"内容”，并且一味迎合游客的口味，忽视了“乡村性”和“地方性”。当巴拉河乡村旅游示范带上离凯里较近的一些村寨开始发展民族村寨旅游后；当政府集中投入打造西江千户苗寨后；当环雷公山苗族村寨文化旅游规划发展进来后，缺乏自己特色的南花村旅游就遭到了沉重的打击，昔日游客“熙熙攘攘”，今日游客“三三两两”，南花苗寨在全州发展乡村旅游的热潮中却恢复了往日的宁静。随着游客的减少，南花苗寨缺乏特色的“农家乐”经营就出现了危机，在此进行“农家乐”消费的游客就则少之又少，陷入了“客源减少→留不住客人→收入降低”的“恶性的循环”，“农家乐”已从经营户的“主业”移到了“副业”的位子上，许多原来从事“农家乐”的经营户纷纷歇业。可见，民族村寨旅游产品未能深入挖掘民族文化旅游资源的文化内涵，照搬别人的“经验”已经不能满足多层次游客求知、求真、求趣的需要，发展乏力。

三、发展黔东南州民族特色村寨旅游的设想和建议

民族特色村寨开发可以见智见仁，但最终目的都是实现民族特色村寨旅游发展的可持续。民族特色村寨是黔东南民族文化与生态旅游资源的主要载体，具有很高的旅游资源价值。基于黔东南民族特色村寨旅游发展的现状，要做好民族特色村寨旅游发展，就需要坚持立足本地、突出特色、合理利用、有效开发、全民参与、规范管理，坚持“一村一品”和“人无我有、人有我优”，坚持分步实施、循序渐进的3大原则，抓住物质与精神2个文化领域的内容，把握旅游发展的模式。

（一）坚持三大原则

1. 立足村寨、突出特色、合理规划、有效开发、全民参与、规范管理

黔东南民族特色村寨开发是关系到黔东南民族文化资源可持续发展的开发，是整个黔东南“生态文明建设”的重要组成部分。因此，黔东南民族特色村寨开发，必须坚持“立足村寨、突出特色、合理规划、有效开发、全民参与、规范管理”的原则。

“立足村寨”就是坚持把展示的民族文化事项确立在本村寨拥有的范畴，突出属于本村寨的民族文化；“突出特色”就是要将那些本村寨所具有的鲜明的民族特色和村寨特色的文化事项开发出来；“合理规划”就是要将本村寨具有的物质的和非物质的文化遗产加以合理地规划和开发，在利用中加以保护；“有效开发”就是对那些可以变成谋生手段的、变成社会生产力的文化事项进行有效、有序地开发；“全民参与”就是在开发中最大限度地调动村民的积极性，让村寨里的村民参与到“民族特色村寨”的发展中来，最大限度地保证村寨群众的利益，最大限度地保证村寨群众在开发中得到具体的实惠；“规范管理”就是要建立健全和完善各种规范标准及规章制度，实现民族文化旅游管理的规范化和制度化。

2.“一村一品”和“人无我有、人有我优”

坚持“一村一品”和“人无我有、人有我优”原则十分必要。以郎德上寨为例，必须充分利用郎德是国家级“文保单位”和国家级“生态博物馆”这个品牌，坚持“一村一品”；在开发中，对于那些巴拉河流域其他村寨的苗族所没有的文化事项，要充分开发，做到“人无我有”；对于那些需要展示的巴拉河流域苗族共有的文化事项，要做到“人有我优”。只有这样，才能实现郎德上寨民族文化旅游的可持续发展。黔东南有如此丰富的民族文化，有如此众多的民族特色村寨，只有真正做到“一村一品”和“人无我有、人有我优”，黔东南的民族特色村寨旅游发展才能做好。

3.整体开发、分步实施、循序渐进

黔东南的民族特色村寨旅游发展，关系到黔东南的民族文化资源的可持续利用，是黔东南生态文明建设的重要组成部分，必须坚持“整体开发、分步实施、循序渐进”的原则。坚持“整体开发”就是要将每一个民族特色村寨的各种文化事项当作一个整体来加以规划和开发，要落脚到村寨实实在在的生活中。我们现在看到的“迎宾仪式”“歌舞表演”这种开发模式实际是与村寨的现实生活割裂开来的，如果在这种模式中充分融入衣、食、住、行、劳、娱、祭、信（信仰）等内容，就能更加全面、完整、准确地展示黔东南各民族各村寨的传统文化。“分步实施、循序渐进”是民族文化旅游开发必须遵循的一条重要原则，传统的民族文化是一条奔腾不息的长河，任何一个民族的文化，不应该也不可能在一次开发中就能全部开发出来，而是需要很好地把握“分步实施、循序渐进”的原则进行开发，只有这样，才能永保民族传统文化的魅力。

（二）抓住两个文化领域的内容

民族文化旅游的实质是精神体验和文化消费，旅游产品的灵魂是文化。黔东南大部分民族特色村寨都具有“露天民族民俗博物馆”的潜质，都存在物质文化与精神文化两个领域的内容。

1. 物质文化领域

物质文化领域以衣、食、住、劳、娱等文化事项充分展示民族特色村寨的魅力。黔东南民族特色村寨旅游发展必须深入挖掘各民族的衣、食、住、劳、娱等文化事项的文化内涵，运用适当的形式充分展示民族文化与民族村寨的魅力。黔东南苗族的服饰堪称苗族人民的“无字史书”，是苗族历史与文化的载体，在一些村寨的旅游发展中对其进行全面展示，包括纺纱、织布、印染、挑花、刺绣等制作过程，对于了解苗侗民族文化具有重要的意义。在雷公山上的乌东苗寨，一间有几百年历史的水碾房保存相当完好，至今还在使用，水碾房的使用和维护有村民自定的规矩，挖掘这一文化事项可让游客充分了解苗族的传统生活，了解苗族管理社会的方式。

民族的饮食文化是民族文化的重要组成部分，苗族的“吃转转饭”和侗族“为顶为嗨”习俗，是体现苗侗民族凝聚力的重要方式，在民族特色村寨旅游发展中，可将这种习俗开发并应用到“农家乐”经营中，一来可体现苗侗民族文化特色，二来能加强游客的文化体验。除了最能让游客直观感受的民族歌舞外，还可开发更多的娱乐文化，比如社交活动，象苗族的“游方”活动，侗族的“行歌坐月”等，以此通过传统的形式来展示各民族传统的伦理道德观念和婚姻家庭观念。

2. 精神文化领域

精神文化层面重点开发民族的祭、信（信仰）等文化事项，充分展示民族精神文化内涵。黔东南各少数民族历来崇尚自然，爱护自然，无论是村寨的寨容寨貌，生产生活方式，还是村寨里人们朴素的信仰方式，无不体现“万物有灵”的思想，并在这种思想的制约和制衡下，保持了“人”与“自然”的和谐发展。黔东南民族村寨精神文化内容极其丰富，在尊重各民族信仰文化的前提下，可把诸如“树爹”“岩妈”“敢当石”“祭桥”“招龙”“扫寨”“吃鼓藏”等文化事项和文化仪式加以开发，把博大精深的黔东南各民族文化展示出来，成为发展旅游的优质内容。

（三）探索发展的模式

黔东南民族特色村寨旅游发展除了村寨的自然风光外，还必须依赖民族的特色文化。目前旅游开发的基本框架依然停留在“民族迎宾礼仪”+“民族服饰展示”+“民族歌舞表演”+“农家乐”这种发展模式中，可以说是“被动展示”民族文化的旅游发展模式。这个模式的突出特征就是典型的“表演付费制”，即“付多少费就表演多少内容”的量体裁衣的表演模式，作为“表演者”的民族文化持有人与作为“观赏者”的游客之间的关系是赤裸裸的利益关系、金钱关系，导致“表演者”是在“表演”而非“展示”，特别是表演场次多时，表演者面部表情麻木，表演动作机械，场面死气沉沉。实践证明，这种模式已进入发展的“瓶颈期”，必须要突破。

比如，可将“表演收费制”改为“门票制”，将“民族歌舞表演制”改为“民族文化展示制”。也就是说实行“门票制”下的民族文化“展示”模式，采取定位、定时、定人，可将村寨旅游项目划为几个板块进行展示，如服饰制作、生活礼仪、歌舞互动、宗教信仰等，即为“定位”；以固定的时段展示为定时，如“游方”“行歌坐月”规定在傍晚，即为“定时”；而“定人”并不是固定为某人，而是以轮换的方式确保文化展示区有人，这既能保持村民原有的文化心态，又能最大限度地照顾到全体村民，便于调动和发挥村民的积极性，避免展示程式化。

总之，黔东南各民族特色村寨内容丰富，价值极高，是黔东南民族文化与生态旅游的重要资源。采用最适合的旅游发展模式，把握特色，充分挖掘，以此实现民族特色村寨旅游的可持续发展。

参考文献

[1] 进士五十八，铃木诚，一场博幸编；李树华，杨秀娟，董建军译.乡土景观设计手法：向乡村学习的城市环境营造[M].北京：中国林业出版社，2008.

[2]陈琨.中国经典景观村落游记[M].北京：中国城市出版社，2011.

[3]高成全，赵玉凤，李晓东.新型农村发展与规划[M].成都：西南交通大学出版社，2015.

[4]韩霞编.中国古村落[M].北京：中国商业出版社，2015.

[5]何刚.院落组成的传统村落空间与行为[M].南京：东南大学出版社，2018.

[6]黄铮.乡村景观设计[M].北京：化学工业出版社，2018.

[7]王忞，马翠霞.基于地域文化的新农村景观规划与设计[M].成都：电子科技大学出版社，2019.

[8]刘利亚.景观规划与设计[M].武汉：华中科技大学出版社，2018.

[9]刘沛林.古村落：和谐的人聚空间[M].上海：上海三联书店，1997.

[10]刘森林.中华聚落村落市镇景观艺术[M].上海：同济大学出版社，2011.

[11]龙佑铭，吴建伟.贵州传统村落与文化遗产保护文论集[M].重庆：重庆出版社，2016.

[12]罗应光.云南特色新型城镇化之路[M].昆明：云南人民出版社，2014.

[13]马菁，周金梅，金岩.景观规划设计[M].长春：吉林大学出版社，2015.

[14]祁嘉华.营造的初心传统村落的文化思考[M].北京：中国建材工业出

版社，2018.

[15]孙凤明.乡村景观规划建设研究[M].石家庄：河北美术出版社，2018.

[16]汤喜辉.美丽乡村景观规划设计与生态营建研究[M].北京：中国书籍出版社，2019.

[17]田银生，唐晔，李颖怡.传统村落的形式和意义湖南汝城和广东肇庆地区的考察[M].广州：华南理工大学出版社，2011.

[18]王浩，唐晓岚，孙新旺，王婧.村落景观的特色与整合[M].北京：中国林业出版社，2008.

[19]王林.景观村落旅游与社区参与[M].北京：中国旅游出版社，2014.

[20]王小冬.新疆传统村落景观图说[M].北京：中国建筑工业出版社，2020.

[21]王修筑.从历史中走来的古村落[M].太原：山西人民出版社，2010.

[22]魏成等.传统村落基础设施特征与评价研究[M].北京：中国城市出版社，2017.

[23]吴必虎.中国传统村落概述[M].深圳：海天出版社，2020.

[24]夏克梁.行画古村落[M].南京：东南大学出版社，2019.

[25]徐朝卫.古村落治理的历史变迁与路径选择[M].太原：山西人民出版社，2016.

[26]袁露，黄翔.欧亚茶马古道源头羊楼洞传统村落未来之路研究[M].天津：天津大学出版社，2016.

[27]张璐.传统村落乡村景观保护与可持续发展途径研究[A].中国建筑文化研究会.2018第八届艾景国际园林景观规划设计大会优秀论文集[C].中国建筑文化研究会：国景苑（北京）建筑景观设计研究院，2018.

[28]曹鑫鑫，侯东辉，杨翠霞.本溪新城子村文化景观特征及保护发展策略研究[J].农业与技术，2021，41（11）：136–139.

[29]程博，褚颖亚，张晓晨.乡村振兴战略背景下的村落保护与雾霾治理[J].绿色财会，2020（8）：47–51.

[30]崔海洋，苟志宏.传统村落保护与利用研究进展及展望[J].贵州民族研究，2019，40（12）：66–73.

[31]单彦名，高雅，宋文杰.“十四五”期间传统村落保护发展技术转移研究[J].城市发展研究，2021，28（5）：18–23.

[32]董奇智.保护开发传统村落助力广安市乡村振兴的调查与思考[J].巴蜀史志，2020（4）：54–56.

[33]董艳平，李泽琪，詹依卿，王金平.传统村落空间基因的传承与发展设计——以古交市南头村为例[J].建筑与文化，2021（6）：66–68.

[34]韩东君，王涛，布和.传统村落保护之路——儿童友好型乡村空间理念的探索实践[J].建筑与文化，2021（6）：240–242.

[35]侯喆.乡村振兴背景下非遗保护与文创旅游融合发展研究[J].今古文创，2021（24）：73–76.

[36]黄斌，郭庆林，张祥刚.黔西南州传统村落保护与发展的现代思考——以册亨县丫他镇板万村为例[J].兴义民族师范学院学报，2019（6）：20–26.

[37]黄海燕，田银生.城市边缘区传统村落保护与发展研究——肇庆里仁村案例[J].智能建筑与智慧城市，2021（5）：36–37.

[38]黄勇.关中传统村落文化景观环境艺术设计与保护研究[J].居舍，2020（24）：114–115.

[39]贾振华，顾国权.古道兴村——以陇南康县中寨村为例[J].建筑设计管理，2019，36（12）：92–96.

[40]赖玉梅.新形势下中国传统村落保护发展规划思路探讨——以平远县泗水镇梅畲村为例[J].智能建筑与智慧城市，2021（5）：66–67.

[41]李晶晶.乡村振兴战略下河北省传统村落的保护与发展研究[J].国土与自然资源研究，2020（4）：83–85.

[42]李懿，张泉.乡村振兴背景下黄土高原地区传统村落的保护与发展研究——以甘肃省正宁县罗川村为例[J].建筑与文化，2020（8）：92–94.

[43]连玉明.历史文化遗产保护之我见[J].中国政协，2019（24）：32–33.

[44]廖庆霞.传统村落旅游热下对民居保护的冷思考——以浙江民居为例[J].旅游与摄影，2020（16）：72–74.

[45]林晋宇，田银生.水族传统村落空间形态继承及经济发展策略研究——以三都水族自治县中和镇牛场村巴卯寨为例[J].智能建筑与智慧城市，2021（5）：44–48.

[46]刘益明.传统村落农业文化遗产保护与开发[J].核农学报，2021，35（8）：1958–1959.

[47]陆天军，姜小隆，郑素芬，徐兵，赵丽雅，邵梦婷.江山历史文化（传统）村落保护利用的实践与思考[J].新农村，2020（8）：17–18.

[48]马冰琼，侯佩君.泰国传统村落保护开发对我国的借鉴探析[J].湖北开放职业学院学报，2021，34（11）：117–118.

[49]马洪伟.乡村振兴战略视域下传统村落的价值审视与制度保护[J].中国农村研究，2019（1）：60–73.

[50]孟晓鹏，叶茂乐，陈锦椿.传统村落微介入式更新实践——以晋江市福林村为例[J].城市建筑，2020，17（22）：93–97.

[51]倪漫.徽州传统村落建设生态博物馆的构想[J].池州学院学报，2019，33（6）：100–102.

[52]宋玉雪.传统村落中基于历史文脉保护的融合发展——以鼓岭宜夏村为例[J].建筑与文化，2021（6）：82–83.

[53]苏晓明，王尚.传统村落民居更新策略研究——以吴垭石头村为例[J].建筑与文化，2020（8）：106–108.

[54]孙立硕.传统风水文化影响下的传统村落选址格局探析[J].山西建筑，2021，47（12）：18–21.

[55]孙韬.传统村落保护与发展策略研究——以广元市昭化区苏山村为例[J].建材与装饰，2020（1）：127–128.

[56]孙直法.盐城传统村落景观空间结构评价与保护[J].住宅与房地产，2019（36）：236+247.

[57]唐伟，姜乃煊.辽宁东港龙王庙锡伯族村保护调查研究[J].山西建筑，2020，46（01）：28–30.

[58]王莉.孙隆村省级传统村落保护发展规划说明书（节选）英译项目报告[D].南京：南京师范大学，2020.

[59]王潇.山东省传统公共文化空间开发现状及对策研究[J].农村经济与科技，2020，31（15）：293–295.

[60]魏广龙，陈雅南，史艳琨.基于设计驱动型创新理论的乡村振兴规划设计策略[J].工业工程设计，2020，2（4）：95–98+103.

[61]伍玲金.传统村落整体保护利用的探索与实践——以福建省连城县培田村为例[J].南方文物，2019（6）：269–270.

[62]向远林，曹明明，闫芳，孙飞.陕西传统村落的时空特征及其保护策略[J].城市发展研究，2019，26（12）：27-32.

[63]薛超越.非物质文化遗产在传统村落中的传承[J].湖北农机化，2019（24）：28.

[64]杨栗.山西省传统村落环境保护及发展模式探寻[J].河南建材，2020（1）：106-107.

[65]姚珏，张晗，杨榕，张群，王娅妮.浙东偏远海岛传统村落文化基因的数字化活态保护——以东极岛数字化保护与构建为例[J].自然与文化遗产研究，2019，4（12）：6-9.

[66]游琳玲.厦门市传统村落保护应对比较研究——以厦门市云头村为例[J].美与时代（城市版），2019（12）：55-57.

[67]余红艳，张哲.中国传统村落文化传承视域下的镇江“华山畿”传说生产性保护研究[J].山西大同大学学报（社会科学版），2020，34（4）：108-111+122.

[68]余压芳，庞梦来，张桦.我国传统村落文化空间研究综述[J].贵州民族研究，2019，40（12）：74-78.

[69]张靖华.长乐长宁——肥东县南部明初移民村落的空间规划体系研究[J].建筑遗产，2020（3）：44-51.

[70]张美伶.传统村落景观保护与更新设计研究初探[J].西部皮革，2020，42（15）：116.

[71]张泉，薛珊珊.乡村振兴背景下徽州传统村落保护与活化研究[J].中国名城，2020（8）：92-96.

[72]张旭钰.“内生发展”理念主导下传统村落保护发展研究[D].杭州：浙江大学，2020.

[73]郑欣，姜乃煊，张佳耕.公众参与视角下的传统村落居住环境更新研究[J].城市住宅，2020，27（8）：98-101.

[74]周湘君.景观基因视角下传统村落保护与发展规划探析——以大理州鹤庆县彭屯村为例[J].现代园艺，2020，43（15）：147-150.

[75]朱靖江.村落影像志：从乡愁标本到乡建助力[J].民族艺术，2020（4）：89-95.